U0176509

食品理化检验技术

张 琪 陈祥俊 李金霞◎著

吉林科学技术出版社

图书在版编目（CIP）数据

食品理化检验技术 / 张琪，陈祥俊，李金霞著. --
长春：吉林科学技术出版社，2022.4
ISBN 978-7-5578-9546-4

Ⅰ．①食… Ⅱ．①张… ②陈… ③李… Ⅲ．①食品检
验 Ⅳ．①TS207.3

中国版本图书馆 CIP 数据核字(2022)第 114000 号

食品理化检验技术

著	张 琪 陈祥俊 李金霞
出 版 人	宛 霞
责任编辑	程 程
封面设计	金熙腾达
制 版	金熙腾达
幅面尺寸	185mm×260mm
开 本	16
字 数	306 千字
印 张	13.5
印 数	1-1500 册
版 次	2022年4月第1版
印 次	2022年4月第1次印刷

出 版	吉林科学技术出版社
发 行	吉林科学技术出版社
地 址	长春市南关区福祉大路5788号出版大厦A座
邮 编	130118
发行部电话/传真	0431-81629529 81629530 81629531
	81629532 81629533 81629534
储运部电话	0431-86059116
编辑部电话	0431-81629510
印 刷	廊坊市印艺阁数字科技有限公司

书 号	ISBN 978-7-5578-9546-4
定 价	58.00 元

前　言

　　民以食为天，食以安为先，食品质量与安全关系到人们健康和国计民生，关系到国家和社会的繁荣与稳定，同时也关系到农业和食品工业的发展，因而受到全社会的普遍关注。人们对食品安全的关注度日益增强，食品行业已成为支撑国民经济的重要产业和社会的敏感领域。随着生活水平的提高，人们对生活质量标准的要求越来越高，对食品安全卫生的要求也越来越高。要确保食品的质量安全，关键是要对食品生产、流通、消费的全过程实行科学的管理与控制。

　　但是，目前一些食品企业在质量安全管理方面缺乏基础理论的指导，对食品安全管理法律法规及标准体系缺乏深入理解，导致在生产和流通过程中对质量安全的管理针对性和有效性不够，由此而引起的食品安全事件时有发生。在以人为本的时代背景下，食品是人类最基本的生活资料，是维持人类生命和身体健康不可缺少的能量源和营养源，食品理化检验也成为至关重要的环节。本书从对食品理化检验的概述入手，针对食品安全和食品标准进行了分析研究；另外对食品检验的前期工作和食品检验的方法做了一定的介绍；最后还对食品检验中常见的几种检验做了总结。旨在点明食品检验的重要性，并为研究者提供一个整体思路，帮助其在应用中少走弯路，运用科学方法，提高效率，对食品理化检验的应用创新有一定的借鉴意义。

　　本书在撰写过程中，参考了大量有价值的文献与资料，吸取了许多人的宝贵经验，在此向这些文献的作者表示敬意。由于编者时间与水平所限，书中难免有错误和疏漏之处，敬请广大读者和专家给予批评指正。

目 录

第一章 食品理化检验的概述

第一节 食品理化检验的内容和作用

一、食品理化检验的内容

食品的种类繁多，组成成分也十分复杂，由于检验的目的不同，分析检验的项目各异，分析方法也多种多样。食品分析按照分析手段不同可以分为感官分析、理化分析、仪器分析等，但即使利用先进的仪器分析方法，其原理和分析的基础还是理化分析。因此，食品分析的主要内容是理化分析。概括起来，食品理化分析的内容主要涉及以下几方面：

（一）食品的一般成分分析

食品的一般成分分析主要是食品的营养成分分析。人体所必需的营养成分有水分、矿物质、碳水化合物、脂肪、蛋白质、维生素共六大类，它们是构成食品的主要成分。人们为了维护生命和健康，保证各项活动能正常开展，必须从食品中摄取足够的、人体所必需的营养成分。通过对食品中营养成分的分析，可以了解各种食品中所含营养成分的种类、数量和质量，合理进行膳食搭配，以获得较为全面的营养，维持机体的正常生理功能，防止营养缺乏而导致疾病的发生。通过对食品中营养成分的分析，还可以了解食品在生产、加工、储存、运输、烹调等过程中营养成分的损失情况，以减少造成营养素损失的不利因素。此外，通过对食品中营养成分的分析，还能对食品新资源的开发、新产品的研制和生产工艺的改进以及食品质量标准的制定提供科学依据。

（二）食品添加剂的分析

食品添加剂是指在食品生产过程中，为了改善食品的感官性状和食品原有的品质、增强营养、提高质量、延长保质期、满足食品加工工艺需要而加入食品中的某些化学合成物质或天然物质，目前，所使用的食品添加剂多为化学合成物质，有些对人体具有一定的毒副作用，如果不科学使用，必然会严重危害人们的健康。因此，国家食品安全标准对食品添加剂的使用品种、使用范围及用量均做了严格的规定。为监督食品企业在生产中合理使用食品添加剂，保证食品的安全，必须对食品中的食品添加剂进行检测，这已成为食品分析中的一项重要内容。

（三）食品中有毒有害物质的检测

食品中的有毒有害物质，是指食品在生产、加工、包装、运输、储存、销售等各个环节中产生、引入或被污染的，对人体健康有危害的物质。食品中有毒有害物质的种类很多，来源各异，且随着工业的高速发展、环境污染的日趋严重，食品污染源将更加广泛。为了确保食品的安全性，必须对食品中的有毒有害物质进行分析检验。按有毒有害物质的来源和性质，有毒有害物质主要有以下几类：

l. 有害有毒元素

有害有毒元素主要来自工业"三废"、生产设备、包装材料等对食品的污染，包括砷、汞、铬、镉、锌、锡、铅、铜等。

2. 食品加工中形成的有毒有害物质

在食品加工中也可产生一些有毒有害物质，如在腌制加工过程中产生的亚硝胺；在发酵过程中产生的醛、酮类物质；在烧烤、烟熏等加工过程中产生的苯并（a）芘。

3. 来自包装材料的有毒有害物质

在食品包装中，由于使用不合乎质量要求的包装材料包装食品，使食品中引入有毒有害物质，如聚氯乙烯、多氯联苯、荧光增白剂等。

4. 农药

在生产中由于不合理地施用农药，使动植物生长环境中农药超标，经动植物体的富集作用及食物链的传递，最终造成食品中农药的残留。

5. 细菌、霉菌及其毒素

由于食品生产或储藏环节处理不当而引起的微生物污染，使食品中产生有害的微生物毒素。此类微生物毒素中，危害最大的是黄曲霉毒素。

总之，食品中的营养成分是人类生活和生存的重要物质基础，食品的品质直接关系到人类的健康及生活质量。食品中的有毒有害物质对食品安全造成严重威胁，为了保证食品的安全性和保障人民的身体健康，对食品中的营养成分和有害成分进行检验是食品理化分析的主要内容。

二、食品理化检验的作用

食品理化检验技术是食品生产和食品科学研究不可缺少的手段，在保证食品营养与卫生、防止食物中毒及食源性疾病、确保食品的品质及食用安全、研究和控制食品污染等方面都有着十分重要的意义。

其具体作用如下：

1. 指导与控制生产工艺过程。食品生产企业可通过对食品原料、辅料、半成品的检测，确定工艺参数、工艺要求，以控制生产过程，降低产品不合格率，从而减少经济损失。

2. 保证食品企业产品的质量。食品生产企业对成品的检验，可以保证出厂产品的质量。

3. 为政府管理部门对食品质量进行宏观监控提供依据。检验机构根据政府质量监督行政部门的要求，对生产企业的产品或市场上的商品进行检验，为政府对食品质量实施宏观监控提供依据。

4. 对进出口食品的质量进行把关。在进出口食品的贸易中，商品检验机构须根据国际标准或供货合同对商品进行检测。

5. 为解决食品质量纠纷提供技术依据。当发生产品质量纠纷时，第三方检验机构可根据有关机构的委托，对有争议产品做出仲裁检验，为解决产品质量纠纷提供技术依据。

6. 对突发性食物中毒事件提供技术依据。当发生食物中毒事件时，检验机构可对残留食物进行仲裁检验，为事件的调查及解决提供技术依据。

第二节　落实"四个最严"，强化食品安全

2019年，中共中央、国务院印发《关于深化改革加强食品安全工作的意见》（以下简称《意见》）。我国食品安全放心工程建设攻坚行动开始，食品领域进入"最严谨的标准""最严厉的处罚""最严格的监管""最严肃的问责"期。

民以食为天，食以安为先。全面落实"四个最严"要求，切实加强从农田到餐桌的全

链条全过程监管，加快推进食品安全治理体系与治理能力建设，食品安全监管体制机制不断完善，食品安全保障水平不断提高，重大安全风险得到有效管控，牢牢守住了不发生重大食品安全事故的底线。

一、落实"最严谨的标准"

实施风险评估和标准制定专项行动、农药兽药使用减量和产地环境净化行动、国产婴幼儿配方乳粉提升行动、校园食品安全守护行动、农村假冒伪劣食品治理行动、餐饮质量安全提升行动、保健食品行业专项清理整治行动、"优质粮食工程"行动、进口食品"国门守护"行动、"双安双创"示范引领行动等。

二、落实"最严厉的处罚"

食品安全重点工作安排要明确，对违法行为"处罚到人"。依法严厉处罚违法企业及其法定代表人、实际控制人、主要负责人等直接负责的主管人员和其他直接责任人员，严格落实从业禁止、终身禁业等惩戒措施。发挥打假"利剑"震慑作用，始终保持对食品安全犯罪的高压态势；落实食品生产企业主体责任。

加强法律法规"立改释"。加快完善办理危害食品安全刑事案件司法解释，健全食品安全犯罪刑事责任追究体系；加快制定关于审理食品安全民事纠纷案件适用法律问题的司法解释，通过落实民事赔偿责任，严肃追究故意和恶意违法者的民事法律责任。

三、落实"最严格的监管"

为落实"最严格的监管"要求，严把从农田到餐桌的每一道防线，要落实食品生产企业主体责任，强化企业生产过程记录核查，落实从原料入厂、生产过程控制到出厂检验、运输销售全过程管理，建立追溯体系，督促食品生产企业开展产品安全自查。提高食用农产品质量安全水平，完善农产品标志制度，强化产地准出和市场准入衔接。

加强食品抽检和核查处置，扩大抽查覆盖面，加强评价性抽检分析和结果应用。防范重点区域食品安全风险，加强旅游景区、养老机构、民航、铁路等食品安全管理。

实施农药兽药使用减量和产地环境净化行动。推进农业绿色生产和节肥节药，抓好畜禽粪污资源化利用。严格农药兽药准入管理，督促落实安全间隔期和休药期制度。实施化肥农药减量增效行动、水产养殖用药减量行动、兽药抗菌药治理行动，遏制农药兽药残留超标问题。重点整治蛋禽违规用药、牛羊肉"瘦肉精"、生猪屠宰注药注水、水产养殖非法添加、农药隐形添加等违法违规行为。按照 5 年内分期分批淘汰现存的 10 种高毒农药的目标要求，开展高毒高风险农药淘汰工作。加强农业面源污染治理，强化耕地土壤风险管控与修复。开展涉重金属重点行业企业排查整治，防止重金属等污染物进入农田。

强化企业生产过程记录核查，落实从原料入厂、生产过程控制到出厂检验、运输销售全过程管理，建立追溯体系。

督促食品生产企业开展产品安全自查，大型肉制品生产企业产品自检自控率达到 100%；提高食用农产品质量安全水平。指导龙头企业、农民专业合作社等规模生产经营主体标准化生产。完善农产品标志制度，推动绿色有机地理标志农产品发展。推广应用国家农产品质量安全追溯信息平台，完善原产地追溯制度。

加强科技支撑和信息化建设。实施"食品安全关键技术研发"重点专项。加快"食品安全云服务平台"建设，为食品安全社会共治共享提供信息支撑。推进"互联网＋食品"监管，重点运用大数据、云计算、物联网、人工智能、区块链技术，建立重点食品追溯协作平台，发挥"智慧监管"作用，提高食品安全风险管理能力。

四、落实"最严肃的问责"

为落实"最严肃的问责"要求，要贯彻落实地方党政领导干部食品安全责任制，压实地方党政领导干部食品安全责任。落实党中央关于解决形式主义突出问题为基层减负的要求，完善评议考核方式方法，将考核结果作为地方领导班子和领导干部奖惩和使用、调整的重要参考。强化各级食品安全委员会及其办公室的统筹协调作用，健全部门协调联动工作机制。依法依规制定地方食品安全监管事权清单。建立健全容错纠错机制，激励干部全力保障人民群众"舌尖上的安全"。

发挥社会监督和市场机制作用，为凝聚各方参与食品安全工作，形成工作合力，实现社会共治共享，全面提升食品安全保障水平，一方面，要加强食品安全舆情监测和舆论引导，加大科普宣传力度，引导公众提高食品安全认知水平，增强公众消费信心。组织开展全国食品安全宣传周活动。加强对食品企业和从业人员法治宣传，以案释法、以案普法，增强守法意识、诚信意识。开展学校食品安全与营养健康教育；另一方面，要发挥社会监督作用，完善投诉举报和奖励机制，推进肉蛋奶和白酒生产企业等主动购买食品安全责任保险，发挥保险他律和风险分担作用。

第三节　食品理化检验的依据和方法

一、食品理化检验的依据

国内外食品分析与检测标准是食品理化检验的依据。食品标准是经过一定的审批程序，在一定范围内必须共同遵守的规定，是企业进行生产技术活动和经营管理的依据。根据标准性质和使用范围，食品标准可分为国际标准、国家标准、行业标准、地方标准和企业标准等。

（一）国际标准

国际标准是由国际标准化组织（ISO）制定的，在国际通用的标准。主要有：

（1）ISO：际标准化组织（ISO）制定的国际标准。

（2）CAC：联合国粮农组织（FAO）/世界卫生组织（WHO）共同设立的食品法典委员会（CAC）制定的食品标准。

（3）AOAC：美国公职分析家协会（AOAC）制定的食品分析标准方法，在国际食品分析领域有较大的影响，被许多国家采纳。

世界发达国家的国家标准主要有：美国国家标准 ANSI；德国国家标准 DIN；英国国家标准 BS；法国国家标准 NS；瑞典国家标准 SIS；瑞士国家标准 SNV；意大利国家标准 UNI；俄罗斯国家标准 TOCIP；日本工业标准 JIS。

要使企业生产与国际接轨，我们必须逐步采用国际标准排除贸易技术堡垒。

（二）中国标准

中国标准分为国家标准（GB）、行业标准、地方标准和企业标准四级。

l. 国家标准

国家标准是全国范围内的统一技术要求，由国务院标准化行政主管部门编制。主要有：

（1）国家强制执行标准：要求所有进入市场的同类产品（包括国产和进口的）都必须达到的标准。

国家标准的编号由国家标准的代号、国家标准发布的顺序号和年号构成，如 GB ×××（该标准顺序号）-×××（制定年份）。

（2）国家推荐执行标准：是建议企业参照执行的标准，用GB/T×××-×××来表示。

2.行业标准

对没有国家标准而又需要在全国某个行业范围内统一的技术要求，可以制定行业标准，如中国轻工业联合会颁布的轻工行业标准为QB；中国商业联合会颁布的商业行业标准为SB；农业农村部颁布的农业行业标准为NY；国家市场监督管理总局颁布的商检标准为SWN等。

行业标准也分为强制性和推荐性两种。推荐性行业标准的代号是在强制性行业标准代号后面加"/T"。

3.地方标准

对没有国家标准和行业标准而又需要在省、自治区、直辖市范围内统一的工业产品的安全、卫生要求，可以制定地方标准。

地方标准是在省、自治区、直辖市范围内统一技术要求，由地方行政部门编制的标准，只能规范本区域内食品的生产与经营。同样地，地方标准分为强制性地方标准和推荐性地方标准，代号分别为"DB+*"和"DB+*/T"，*表示省级行政区划代码前两位。

4.企业标准

对企业生产的产品，还没有国际标准、国家标准、行业标准及地方标准的，如某些新开发的产品，企业必须自行组织制定相应的标准，报主管部门审批、备案，作为企业组织生产的依据。

企业标准首位字母为Q，其后再加本企业及所在地拼音缩写、备案序号等。对已有国家标准、行业标准或地方标准的，鼓励企业制定严于国家标准、行业标准或地方标准要求的企业标准。

二、食品理化检验的方法

在食品理化检验工作中，由于分析的目的不同，或由于被测组分和干扰成分的性质以及它们在食品中存在的含量差异，所选用的分析检验方法也各不相同。在食品理化检验中，常用的分析检验方法有物理检验法、化学分析法、仪器分析法、微生物分析法、酶分析法和免疫学分析法等，这里简要介绍几种。

（一）物理检验法

物理检验法是根据食品的物理参数与食品组成成分及其含量之间的关系，通过测定密度、黏度、折射率等特有的物理性质，来求出被测组分含量的检测方法。物理检验法快速、准确，是食品工业生产中常用的检测方法。

（二）化学分析法

化学分析法以物质组成成分的化学反应为基础，使被测组分在溶液中与试剂作用，用生成物的量或消耗试剂的量来确定组分和含量的分析方法。化学分析法包括定性分析和定量分析两部分，是食品理化分析的基础方法。大多数食品的来源及主要成分都是已知的，一般不必做定性分析，仅在个别情况下才做定性分析。因此，食品理化分析中最常做的工作是定量分析。

化学分析是食品分析的基础，即使在仪器分析高度发展的今天，许多样品的预处理和检测都是采用化学方法，而仪器分析的原理大多数也是建立在化学分析的基础上。因此，化学分析法仍然是食品理化检验中最基本的、最重要的分析方法。

（三）仪器分析法

仪器分析法是根据物质的物理和化学性质，利用光电等精密的分析仪器来测定物质组成成分的方法。仪器分析法一般具有灵敏、快速、准确的特点，是食品理化分析方法发展的趋势，但所用仪器设备较昂贵，分析成本较高。目前，在我国的食品卫生标准检验方法中，仪器分析法所占的比例越来越大。

第二章　食品标准

第一节　食品理化检测的技术依据

一、食品理化检验技术用语的基本规定

（一）表述与试剂有关的用语

1. "取盐酸2.5 mL"：表述涉及的使用试剂纯度为分析纯、浓度为原装的浓盐酸。
2. "乙醇"：除特别注明外，均指95%的乙醇。
3. "水"：除特别注明外，均指蒸馏水或去离子水。

（二）表述溶液方面的用语

1. 除特别注明外，"溶液"均指水溶液。
2. "滴"：蒸馏水自标准滴管自然滴下1滴的量，20℃时20滴相当于1mL。
3. "V/V"：容量百分浓度（%），指100 mL溶液中含液态溶质的毫升数。
4. "W/V"：重量容量百分浓度（%），指100 mL溶液中含溶质的克数。
5. "7：1：2"或"7+1+2"：溶液中各组分的体积比。

（三）表述与仪器有关的用语

1. "仪器"：指主要仪器，所使用的仪器均须按国家的有关规定及规程进行校正。
2. "水浴"：除回收有机溶剂和特别注明温度外，均指沸水浴。
3. "烘箱"：除特别注明外，均指100℃～105℃烘箱。

（四）表述与操作有关的用语

1. 称取：用天平进行的称量操作，其精度要求用数值的有效数位表示，如"称取15.0 g"，指称量的精度为 ±0.1 g；"称取15.00 g"，指称量的精度为 ±0.01 g。
2. 准确称取：准确度为 ±0.001 g。

3. 精密称取：准确度为 ±0.000 1 g。

4. 恒量：在规定的条件下，连续两次干燥或灼烧后称定的质量差异不超过规定的范围。

5. 量取：用量筒或量杯取液体物质的操作，其精度要求用数值的有效数位表示。

6. 吸取：用移液管、刻度吸量管取液体物质的操作。

7. "空白试验"：不加样品，而采用完全相同的分析步骤、试剂及用量进行的操作，所得结果用于扣除样品中的本底值和计算检测限。

（五）其他用语

1. 计量单位：中华人民共和国法定计量单位。

2. "计算"：按有效数字运算规则计算。

二、食品理化检验的原则和发展趋势

（一）食品理化检验的原则

《中华人民共和国食品安全法》和国务院有关部委及省、市、自治区卫生防疫部门颁发的食品卫生法规是判定食品是否能食用的主要依据。

由国务院有关部委和省、市、自治区有关部门颁发的食品产品质量标准是判定食品质量优劣的主要依据。

食品具有明显腐败变质或含有过量的有毒、有害物质时不得供食用。

食品由于某种原因不能直接食用，必须严格加工或在其他相关条件下处理时，可提出限定加工条件、加工环境和限定食用及销售等范围的具体要求。

食品的某些指标的综合判定结果略低于产品质量有关标准，而新鲜度、病原体、有毒有害物质指标符合卫生标准时，可提出要求在某种条件下、某种范围内可供食用。

在鉴别指标的分寸掌握上，婴幼儿、老年人、病人食用的保健、营养食品，要严于成年人、健康人食用的食品。

鉴别结论必须明确，不得含糊不清、模棱两可，对符合条件可食用的食品，应将条件写准确；对没有鉴别参考标准的食品，可参照有关同类食品进行全面恰当的鉴别。

在进行食品综合全面鉴别前，应向有关单位或个人收集食品的有关资料，如食品的来源、保管方法、贮存时间、原料组成、包装情况，以及加工、运输、保管、经营过程的卫生情况。寻找可疑环节、可疑现象，为鉴别结论提供必要的正确鉴别的基础。

鉴别检验食品时，除遵循上述原则以外，还应有如下要求：食品检验人员或其他有关进行感官检查的人员，必须敢于坦言，而且身体健康，精神素质健全，无不良嗜好，不偏食。同时，还应具有丰富的食品加工专业知识和检验、鉴别的专门技能。

（二）食品理化检验的发展趋势

随着科技的迅猛发展，食品工业化水平的迅速提高，对食品检测方法提出了更高的要求。食品检测方法正在向着快速、灵敏、在线、无损和自动化方向发展。

为发展快速和简便的检测方法，就要实现检验方法的仪器化和自动化，不仅可以快速检测食品中的某种成分，也可以同时检测多种成分。随着检测技术的提高，已经出现了低损耗检测，降低了生产消耗，提高了经济效益。同时，出现了许多新的检测方法，如酶联免疫分析、酶分析法、免疫学分析法、生物传感检测技术等。

第二节　食品标准的意义

一、食品标准制定的重要性

随着经济的快速增长，我国人民的生活从温饱迈向健康，人们对食品的需求与要求也越来越高。食品安全隐患产生的缘由是多方面的，包括不法企业、商人为牟取不法利益而违法生产、销售有毒有害食品；也包括由于目前科学技术水平有限导致不能辨明是否对人体健康有害。但是，还有一项导致食品安全隐患的原因就是政府食品安全监管不到位。因此，在解决食品安全危机的多方面措施中有一项就是要加强政府的食品安全监管责任。在各种食品安全监管的主体中，政府作为享有行政职权的一方在立法、执法上有其特有的优越性，这决定了政府在食品安全监管上将起到难以替代的作用。在政府对食品安全进行监管的诸多手段中，其中有一项就是事先设立食品安全标准。

（一）食品标准的含义与作用

食品标准是一项技术标准。所谓技术标准，从实质意义上讲，是指对物品、过程（流程）或版式等加以限定以取得一系列的一致性规范。从形式意义上讲，标准就是指为在一定范围内获得最佳秩序，对活动或结果规定共同的和重复使用的规则、导则或特性文件。当然，该文件须经协商一致并由公认机构批准、以科学技术和实践经验的综合成果为基础，以实现最佳社会效益为目的。因此，食品标准作为一项技术标准，是指食品行业的技术规范，从不同方面规定食品的技术要求和质量卫生要求的规范。

食品标准具有非常重要的意义和作用，具体体现在以下几方面：

首先，对个人而言，食品标准保障食品质量卫生安全。由于食品是供人们食用的产品，食品质量卫生是否合格就显得尤为重要。不合格或未能达到质量要求的食品不仅会损害人民的身体健康，甚至威胁人的生命安全。衡量食品质量卫生是否合格的标准就是食品标准。食品标准之所以能够作为衡量食品质量卫生是否合格的标准是由于在其制定过程中充分考虑了食品可能存在的有害因素和潜在的不安全因素，并通过规定食品的微生物指标、理化指标、检验方法、保质期等内容，使符合标准的食品具有安全性。由此可见，食品标准可以保证食品卫生、食品质量和防止食品污染以及有害化学物质对人体的危害。

其次，对企业而言，食品标准是企业科学管理、提高竞争力的重要依据。食品标准是食品企业科学管理的基础，是提高食品质量与安全性的前提和保证，甚至在生产工艺过程的各个环节，都要以标准为准，检测一些质量控制指标，把不合格因素消灭在产品的生产过程之中，确保产品最终达到标准规定的要求。食品企业的现代化科学管理离不开标准，食品企业创名牌的基础工作就是食品质量标准。因此，通过食品标准的设立可以提高我国食品的质量，使得我国食品产业在出口上占有优势以及在国际贸易上具有国际竞争力，促进我国经济的发展。

再次，对政府而言，食品标准是政府监管食品行业的重要手段之一。食品标准作为一种技术标准，是政府规制食品产业竞争、防范社会风险的重要事前规制工具。食品工业在我国国民经济中的作用越来越显得重要，尤其是改革开放以来，食品工业增长速度惊人，我国食品行业已成为国家的重要支柱产业之一。国家对食品行业进行宏观调控与管理的依据就是食品质量标准。国家质量技术监督部门依据食品质量标准打击假冒伪劣食品，从而有效实施了对食品行业的监督管理。

食品标准作为政府监管食品安全的手段之一，是判断食品质量的依据之一，有利于减少和避免我国食品安全问题的出现，有利于保障我国国民身体健康与生命安全，有利于促进社会经济的持续发展。由此，在食品安全问题频发的当今社会，政府以及越来越多的企业及学者和国民开始关注食品标准问题。

（二）政府主导食品标准制定的内涵

需要明确的是，我国食品标准制定过程中具有较强的政府主导倾向，即食品标准化实践的主导是以国家意志为取向的，不仅通过国家的政策引导和战略指引，而且有时由政府出面来组建标准制定小组，直接推动食品标准化进程。这主要体现在以下两方面：首先，食品标准的制定要依据国家制定的相关法律法规进行，例如《中华人民共和国标准化法》《中华人民共和国食品安全法》等相关法律法规；其次食品标准按照效力级别可以分为国家标准、行业标准、地方标准和企业标准，其中国家标准和地方标准都是由政府主导制定的。

（三）政府主导食品标准制定的正当性

我国食品标准制定之所以含有较强的政府主导倾向是有深刻原因的。首先，我国食品标准制定过程中的政治化与政府主导有其历史原因。食品标准制定是食品标准化的一个重要环节。在我国标准化亦是自古有之，秦代就开始了"书同文，车同轨"的标准化进程。而我国自古就是中央集权的国家，标准化的进程中政府的主导色彩浓厚，因此即便在当今的食品标准化进程中也难摆脱政治化与政府主导的倾向。其次，作为一个发展中国家，我国现有的食品标准尚未齐全，亟须完善食品标准以满足需要，这需要政府的参与。尽管已有各类食品及食品相关产品的国家标准和行业标准近 6000 项，然而，我国的食品标准却依然存在严重问题，因此食品标准化进程与完善离不开政府参与。再次，从现有的社会资源的掌控而言，政府依然控制着绝大多数的社会资源，其他行业、企业社会力量薄弱。食品标准的制定需要政治、经济、金融和社会方面的资源，而这些资源大多数依然掌控在政府手中，行业、企业实力相对弱小，在食品标准的制定中力量不足，难以面对全球化的食品标准竞争。最后，随着，我国社会经济的发展，食品安全问题越来越突出。造假食品、伪劣食品层出不穷，作为政府监管食品安全重要手段的食品标准，其制定与实施自然离不开政府的主导。

纵使有着以上政府主导我国食品标准制定过程的理由，笔者认为政府主导我国食品标准制定的另一重要原因还在于食品标准制定中的利益定位。所谓利益定位，即食品标准制定背后有几方利益主体。以国家食品标准制定为例，目前我国食品安全国家标准的制定主体是政府。在我国食品安全国家标准是由卫健委制定的，具体是由食品安全综合协调与卫生监督局来组织拟定的。但是有关食品安全的标准形形色色，而作为政府部门的行政主体职责繁重，所以行政主体不可能亲自制定各种的食品标准。在我国，按照食品标准的适用对象，食品标准可分为食品原料与产品卫生标准、食品添加剂使用标准卫生标准、营养强化剂使用卫生标准、食品容器与包装材料卫生标准、食品中农药最大残留限量卫生标准等多达 13 类。而每一类标准下面又细分为许多更小的标准，例如食品原料与产品卫生标准又可依食品的分类分为粮食及其制品、食用油脂、调味品等 21 类卫生标准。面对如此门类繁多的食品标准，作为我国食品安全国家标准制定主体的食品安全综合协调与卫生监督局不可能亲自制定这些标准。更何况食品安全综合协调与卫生监督局除了负责组织拟定食品标准，还具有承担其他多项重要职责，例如组织查处食品安全重大事故的工作，组织开展食品安全监测、风险评估和预警工作，承担重大食品安全信息发布工作，指导规范卫生行政执法工作，等等。另外，食品安全综合协调与卫生监督局作为一个国家行政机关，其工作人员具有自身的专业性，但是在食品标准的制定上，其自身具有的专业性与食品标准制定所要求的专业性是不符的。所以，在食品标准的具体制定的重要环节——标准起草上，作为行政主体的食品安全综合协调与卫生监督局通过行政委托的方式，在其监督和指导下将具体食品标准起草的权力和义务委托给了一种社会团体即有关食品标准制定的科研机构。当然，作为国务院卫生行政部门的食品安全综合协调与卫生监督局，应当选择具备相应技术能力的单位起草食品安全国家标准草案。所以，标准起草单位的确定一般采用招标或者指定等形式，择优落实。但是，应该看到的是，无论是政府的行政部门还是科研机构，它们隐藏在食品标准制定中的利益都不是最主要的。在食品标准制定中，政府的利益就是通过食品标准的制定实现政府对食品安全的监管，进而通过保证食品质量卫生与安全的方式，实现对公民身体健康权和生命安全权的保障。食品标准是国家对食品行业进行宏观调控与管理的主要依据。通过规定食品的微生物指标、理化指标、检验方法、保质期等，食品标准成为衡量食品质量卫生是否合格的唯一标准。食品标准通过保证食品的质量安全防止食品污染及有害物质对人体的侵害，保障公民的身体健康和生命安全。而科研机构作为政府委托制定食品标准的具体主体，其在食品标准制定中的利益也是微小的，即通过制定食品标准而获得相应的报酬。对食品安全国家标准的高低，并不涉及其自身利益。

其实，在食品标准制定背后还隐藏着两大主要的利益主体。食品标准制定的结果关系着这两大主体的切身利益。这两大主体就是公众和企业。公众的利益就是公共健康，即公民的身体健康权和生命安全权。在我国公民有身体健康权和生命安全权，它们是人权的必然内涵和题中之义，而国家也有保障公民身体健康和生命安全的义务和责任。为了尽可能地保障公众的身体健康权和生命安全权，公众希望食品标准制定得越高越好。食品标准越高，危害公众身体健康与生命安全的食品就会越少。而企业的利益是企业的经济效益。所以，在我国企业拥有经济发展的权利，而国家对企业这一权利负有保障义务。在食品标准的制定过程中，企业希望食品标准越低越好。一方面，食品标准越低，企业的生产成本越低，企业生产的食品越容易达标，越能获得更高的经济效益；另一方面，食品标准制定得越低，对一些小企业而言就越有利，因为食品标准越低，企业生产食品所需的技术和条件就越低，而一些小企业就越不容易被淘汰。

因此在食品标准的制定中应当兼顾两大主体的利益，而不能只顾一方而损害另一方的利益，这就需要政府来主导，政府发挥平衡的作用，兼顾食品标准制定背后的两大利益主体。

二、食品安全国家标准中食品产品标准使用解读

食品安全标准是唯一强制执行的食品标准，其中食品产品标准一般都会规定产品原辅料、工艺、技术等要求。某些产品具有特殊性，如存在其他危害物质或内在质量的指标，也会在安全标准中制定相应的限量和其他必要的技术要求。至今，我国发布的食品安全国家标准中食品产品标准有 80 个，标准的发布和实施日期、范围、术语和定义、技术要求等对日常应用中的生产控制、包装标志、产品归类、抽检监测等至关重要。

（一）标准的发布和实施日期

食品安全国家标准发布后，相关食品安全地方标准即行废止，并由省、自治区、直辖市人民政府卫生行政部门及时在其网站上公布废止情况。食品生产经营者可在食品安全标准规定的实施日期之前实施并公开提前实施情况，及时修订食品安全企业标准，确保食品安全指标严于食品安全国家标准。另外，监管部门、技术机构等在开展监督抽检和日常执法时，要充分结合产品生产日期、标准实施日期、标准过渡情况等对产品做出科学合理的

判断。

标准主要内容和应用前言：前言中一定要注意标准的替代情况，尤其注意修改部分的内容。这些内容可以从标准的编制说明、标准发布后的解读充分掌握。如国家卫健委发布的关于《食品安全国家标准植物油》标准解读中指出，《食品安全国家标准植物油》（GB 2716-2018）是对《食用植物油卫生标准》（GB 2716-2005）和《食用植物油煎炸过程中的卫生标准》（GB 7102.1-2003）的整合修订。与原标准相比，主要变化是完善了术语和定义、删除了煎炸过程中植物油的羰基价指标、修改了酸价和溶剂残留指标、增加了对食用植物调和油命名和标志的要求等。

范围：标准中范围内容明确界定可能与原料、工艺、包装等与食品相关的因素，影响日常抽检中采样方案、采样方式和结果判定等。

术语和定义：标准中的术语和定义对界定一个产品是否属于该类标准范畴至关重要。术语和定义一般会明确原料要求、工艺特点等产品内在特性，会影响技术要求中的部分指标的判定结论。如《食品安全国家标准酱油》（GB 2717-2018）和《食品安全国家标准食醋》（GB 2719-2018）分别是对《酱油卫生标准》（GB 2717-2003）和《食醋卫生标准》（GB 2719-2003）的修订。GB 2717 和 GB 2719 的术语及定义表明上述两项标准仅适用于传统酿造工艺生产的酱油和食醋，不再适用于采用配制工艺生产的酱油和食醋。对采用配制工艺生产的酱油、食醋将按照复合调味料管理。

《食品安全国家标准酿造酱》（GB 2717-2018）术语和定义中明确，酿造酱为以谷物和（或）豆类为主要原料经微生物发酵而制成的半固态的调味品，如面酱、黄酱、蚕豆酱等。而西南地区以辣椒为主的豆瓣酱则不属于该标准范畴，技术要求中的氨基酸态氮限量要求不适用于该类产品。

技术要求：技术要求一般包括原料要求、感官要求、理化指标、污染物限量、真菌毒素限量、微生物要求、食品添加剂和营养强化剂等内容。

其中理化指标的设置与原料、工艺、内在质量、腐败变质等密切相关。如乳制品类一般会有蛋白质含量要求；酱油、食醋、酿造酱、味精、食盐等设置了与质量相关的指标，如氨基酸态氮、总酸、谷氨酸钠、氯化钠、碘等。

特殊膳食食品类标准中的理化指标，如 GB 10765 中规定了必需成分，指对婴儿的生长和发育是必需的成分，一般包括蛋白质、脂肪、碳水化合物、维生素类、矿物质类。此外，还包括可选择性成分，如胆碱、肌醇、牛磺酸、左旋肉碱、二十二碳六烯酸、二十碳四烯酸等，以及其他指标如水分、灰分、杂质度等。依据《食品安全国家标准预包装特殊膳食用食品标签》（GB 13432-2013）能量和营养成分的标示，营养成分的实际含量不应低于标示值的 80%，并应符合相应产品标准的要求。

其他如污染物限量、微生物要求中致病菌限量要求、食品添加剂和营养强化剂等一般会直接引用基础通用标准，如 GB 2760、GB 2761、GB 2762、GB 29921。要注意的是该类指标设置时的一些特殊细类备注。如，罐头食品（GB 7098-2015）微生物限量要求中明确了番茄酱罐头霉菌计数和检测方法要求；GB 25191-2010《食品安全国家标准调制乳》

中明确，采用灭菌工艺的调制乳应符合商业无菌的要求等。微生物指标中有涉及菌落总数、大肠菌群、霉菌、酵母等要求，需要注意与包装相关的标准适用范围、三级采样方案、采样方式等。

指标设置还涉及可能与样品预处理方式相关的要求，如 GB 17400-2015《食品安全国家标准方便面》中明确，理化指标的水分、酸价、过氧化值只测试面饼，而微生物限量中菌落总数、大肠菌群仅适用于面饼和调料的混合检测等。

其他：食品产品标准涉及的其他内容，包括标签标志、贮存储运、使用消费警示用语等要求。如 GB 25190-2010《食品安全国家标准灭菌乳》中强调，应标注纯牛奶（乳）或纯羊奶（乳）字样，并且要标明使用复原乳情况等。果冻、啤酒、特殊膳食食品、保健食品等都有相应的消费警示用语要求。

为使用好产品类标准，须系统地理解和掌握标准的关键内容，了解食品分类、工艺、特殊备注、样品预处理、标签标志等，还有与其他标准的关联衔接。

三、我国食品安全标准体系建设现状

食品安全是保障人民群众身体健康、生命安全的基础，是推动社会经济发展的底座，故而在国际上得到普遍重视。国际食品卫生法典委员会（CAC）将食品安全定义为：食品中不含有有害物质，不存在引起急性中毒、不良反应或潜在疾病的危险性。联合国粮农组织（FAO）强调，食品安全就是要确保任何人在任何时候、任何地方都能得到满足生存和健康所需的食品。世界卫生组织（WHO）将食品安全定义为：对食品按其原定用途进行制作和食用时不会使消费者受害的一种担保。它主要是指在食品的生产和消费过程中没有达到一定危害剂量的有毒、有害物质或因素的加入，从而保证人体按正常剂量和以正确方式摄入这样的食品时不会受到急性或慢性的危害，这种危害包括对摄入者本身及其后代的不良影响。我国新修订的《食品安全法》第一百五十条，将食品安全定义为：指食品无毒、无害，符合应当有的营养要求，对人体健康不造成任何急性、亚急性或者慢性危害。从国内外对食品安全的定义可见，食品安全包括数量安全、质量安全和营养安全三个层次，数量安全解决的是吃得饱的问题，质量安全解决的是吃得放心的问题，营养安全解决的是健康提升的问题。本文从质量和营养安全这个角度出发，重点对我国食品质量安全标准体系的建设研究现状归纳和总结，同时对存在的问题进行概述，并展望体系完善建设方向与措施。

（一）我国食品安全标准体系建设现状

l. 食品安全标准制定范围

目前，我国基本形成以《中华人民共和国食品安全法》为基本法律，以《中华人民共和国产品质量法》《中华人民共和国农产品质量安全法》《中华人民共和国食品安全生产加

工企业质量安全监督管理办法》《中华人民共和国标准化法》《中华人民共和国食品标签标注规定》等为主体，以各地方的政府规章、司法解释为补充，其他法律如《中华人民共和国消费者权益保护法》《中华人民共和国刑法》相配合的食品安全法律法规体系。食品安全标准体系作为我国食品安全法律法规体系的重要组成部分，有着至关重要的作用：一是食品生产、流通、使用过程中衡量质量安全与否的重要标尺；二是规范和引导食品生产经营行为，促进企业技术创新，提高产业整体竞争力；三是作为监管部门监督检查的主要依据和重要措施，规范市场秩序，提高食品安全风险治理效能。

《食品安全法》作为我国保障食品安全的基本法，第二十六条规定了七方面的标准制定范围：①食品、食品添加剂、食品相关产品中的致病性微生物，农药残留、兽药残留、生物毒素、重金属等污染物质以及其他危害人体健康物质的限量规定；②食品添加剂的品种、使用范围、用量；③专供婴幼儿和其他特定人群的主辅食品的营养成分要求；④对与卫生、营养等食品安全要求有关的标签、标志、说明书的要求；⑤食品生产经营过程的卫生要求；⑥与食品安全有关的质量要求；⑦与食品安全有关的食品检验方法与规程；⑧其他需要制定为食品安全标准的内容。基本涵盖了食品从"农田到餐桌"、从一般人群到婴幼儿等特殊人群的食品质量管理的各个环节技术要求。

2.食品安全标准制定要求

按照《食品安全法》，食品安全标准体系由三个标准层级组成，分别是国家标准、地方标准和企业标准。食品安全标准的属性是强制性，强制性标准等同于技术法规，获得国际范围内认同。

从制定约束来看，国家食品标准是基础和根本，在全国范围内适用；地方标准仅针对的是地方特色食品，地方特色指在地域有30年以上传统食用习惯的食品，包括地方特有的食品原料和采用传统工艺生产的、涉及的食品安全指标或要求现有食品安全国家标准不能覆盖的食品（保健食品、特殊医学用途配方食品、婴幼儿配方食品等特殊食品不属于地方特色食品），地方标准包括地方特色食品的食品安全要求、与地方特色食品的标准配套的检验方法与规程、与地方特色食品配套的生产经营过程卫生要求等。地方标准在没有相应国家标准的情况下才能制定，在本地方区域内适用，一旦国家标准制定后，地方标准要即行废止，避免标准交叉重复，保证全国范围内执行标准的一致性；企业标准的技术要求要高于国家标准或地方标准，在本企业使用。

从制定主体来看，国家标准涉及两部门（国家卫生健康委员会与国家市场监督管理总局），国务院卫生行政部门会同国务院食品安全监督管理部门制定、公布，国务院标准化行政部门提供国家标准编号。有两个例外，一是食品中农药残留、兽药残留的限量规定及其检验方法与规程则涉及三部门（国家卫生健康委员会、农业农村部与国家市场监督管理总局），由国务院卫生行政部门、国务院农业行政部门会同国务院食品安全监督管理部门制定。二是屠宰畜、禽的检验规程涉及两部门（国家卫生健康委与农业农村部），由国务院农业行政部门会同国务院卫生行政部门制定。地方标准由地方卫生健康委制定发布，

44

省、自治区、直辖市人民政府卫生行政部门可以制定并公布食品安全地方标准，报国务院卫生行政部门备案。企业标准由企业制定发布，但须到卫健委备案，报省、自治区、直辖市人民政府卫生行政部门备案。国家标准、地方标准、企业标准的标准文本都必须对社会公开。

（二）食品安全标准体系建设建议

1. 加强技术研究

食品安全标准体系的构建涉及食品、农业、卫生、营养、微生物等多个领域，标准的制定修订应建立在前期深厚的专业技术、检测技术等基础之上，要加强食品质量安全标准的前期研究，特别是开展食品中有毒有害物质、农药、兽药残留限量，致病菌以及转基因产品等检验方法方面的标准研究，提高标准的科学性，完善现有体系的不足。其次，要关注市场发展新技术、新业态需要，快速制定规范市场经营秩序的标准，提高标准的时效性。此外，标准从制定到发布的过程应吸纳广泛的技术专家、标准化专家，标准制定过程中的技术内容应广泛征求各界意见，保障标准的协调一致性。

2. 创新管理模式

食品安全标准体系是动态的，需要不断更新迭代，当前标准体系的完善应激发市场主体活力，借鉴国外的建设经验，充分调动企业和产业界的积极性，引导社会团体、行业协会等根据市场需求、行业自律需要，制定快速反应的团体标准，及时补充现有标准体系的不足，提高与国际标准接轨程度。其次，食品安全标准切实关系公众健康，企业、公众取用是发挥标准实施效能的关键，同时也是促进体系完备的逆向措施，建立涵盖食品安全国家标准、地方标准、团体标准、企业标准的统一标准信息公共服务平台是提升标准服务社会、发挥标准保障食品安全作用的有效途径。

3. 健全协调体制机制

食品安全标准体系建设的核心是保障食品从农田到餐桌"安全"，标准的制定应该打破现阶段各部门分环节的归属管理，建立健全标准制定与实施监督统一管理的工作机制，在《食品安全法》作为上位法的基础上，进一步完善保障食品安全政府标准、市场标准的制定管理制度，厘清各层级制定范围，同时要对标国际，适时加强食品安全体系风险评估，及时开展标准合规合法性监督检查，提高体系建设质量。

第三节 食品标准的分类、内容和结构

一、食品标准的分类

食品标准是食品工业领域各类标准的总和，涉及食品行业各领域的各方面，从很多方面规定了食品的技术要求和品质要求。食品标准是国家标准的重要组成部分，也是食品安全卫生的重要保证，关系到广大消费者的健康安全。

分类是人们认识事物和管理事物的一种方法。人们从不同的目的和角度出发，依据不同的准则，可以对标准进行不同分类，由此形成不同的标准种类。随着标准化事业的发展和标准化领域的扩展，标准的种类也在不断增多，标准分类问题变得复杂和困难，世界各国标准分类方法不尽一致。

（一）按约束力分类

l.我国的强制性标准和推荐性标准

按标准的约束力不同，可将我国国家标准和行业标准分为强制性标准和推荐性标准两类。

（1）强制性标准

强制性标准是指国家标准和行业标准中保障人体健康和人身、财产安全的标准，以及法律、行政法规规定强制执行的标准。由省、自治区、直辖市标准化行政主管部门制定的工业产品的安全和卫生要求的地方标准，在本行政区域内也是强制性标准。强制性标准在一定范围内通过具有法律属性的法令、行政法规等强制手段加以实施，对违反强制性标准的，国家将依法追究当事人法律责任。

（2）推荐性标准

推荐性标准又称自愿性标准或非强制性标准，指的是强制性标准以外的标准。推荐性标准是倡导性、指导性、自愿性的标准。通常，国家和行业主管部门积极向企业推荐甚至会制定某些优惠措施鼓励企业采用这类标准，而企业则完全按自愿原则自主决定是否采用。

但应当指出的是，企业一旦接受并采用了推荐性标准，则该项标准就具有了法律上的约束性。

另外，我国标准领域还存在一种非强制性的标准，称为标准化指导性技术文件，简称指导性技术文件。指导性技术文件是为仍处于技术发展过程中（如变化快的技术领域）的标准化工作提供指南或信息，供科研、设计、生产、使用和管理等有关人员参考使用而制定的标准文件。指导性技术文件也不宜由标准引用使其具有强制性或行政约束力。

符合下列两种情况时可制定指导性技术文件：

①技术尚在发展中，需要有相应的标准文件引导其发展或具有标准价值，尚不能制定为标准的。

②采用国际标准化组织、国际电工委员会及其他国际组织的技术报告。

国务院标准化行政部门统一负责指导性技术文件的管理工作，并负责编制计划、组织草拟、统一审批、编号和发布。

2.WTO/TBT 的技术法规和标准

在世界贸易组织的《贸易技术壁垒协议》（WTO/TBT）中，"技术法规"指强制性文件，"标准"仅指自愿性标准。"技术法规"体现国家对贸易的干预，"标准"则反映市场对贸易的要求。

（1）技术法规

技术法规是指规定技术要求的法规，它或者直接规定技术要求，或者通过引用标准、技术规范或规程来规定技术要求，或者将标准、技术规范或规程的内容纳入法规中。

WTO/TBT 对"技术法规"的定义是："强制执行的规定产品特性或相应加工和生产方法（包括可适用的行政或管理规定在内）的文件。技术法规也可以包括或专门规定用于产品、加工或生产方法的术语、符号、包装、标志或标签要求。"

技术法规可附带技术指导，列出为了符合法规要求可采取的某些途径，即权益性条款。

（2）标准

WTO/TBT 对"标准"的定义是"由公认机构批准的、非强制性的、为了通用或反复使用的目的，为产品或相关加工和生产方法提供规则、指南或特性的文件"。标准也可以包括或专门规定用于产品、加工或生产方法的术语、符号、包装、标志或标签要求。

（二）按标准化对象的基本属性分类

按标准化对象的基本属性不同，可将标准分为技术标准、管理标准和工作标准三大类。这三类标准根据其性质和内容又可分为多个小类。

1.技术标准

技术标准是对标准化领域中需要协调统一的技术事项所制定的标准。技术标准可以是标准、技术规范、规程等文件以及标准样品实物，是标准体系的主体，其量大、面广、种类繁多，一般包括基础标准、方法标准、产品标准、工艺标准、检验和试验标准、工艺设备标准以及安全、卫生、环保标准等。

2. 管理标准

管理标准是对标准化领域中需要协调统一的科学管理方法和管理技术所制定的标准。企业管理活动中所涉及的管理事项包括经营管理、开发与设计管理、采购管理、生产管理、质量管理、设备与基础设施管理、安全管理、职业健康管理、环境管理、信息管理、人力资源管理、财务管理等。通常，企业中的管理标准种类和数量都很多，主要有管理体系标准、管理程序标准、定额标准和期量标准等。

3. 工作标准

工作标准是为实现整个工作过程的协调、提高工作质量和工作效率而按工作岗位制定的有关标准，是对工作的范围、构成、程序、要求、效果、检查方法等所做的规定，是具体指导某项工作或某个加工工序的工作规范和操作规程。工作标准可分为部门工作标准和岗位（个人）工作标准两类。

（三）按标准的内容分类

按标准的内容不同可将标准分为基础标准、产品标准、卫生标准、方法标准、管理标准、环境保护标准等。我国食品标准基本上就是按照内容进行分类并编辑出版的，如食品工业基础及相关标准、食品卫生标准、食品产品标准、食品添加剂标准、食品包装材料及容器标准、食品检验方法标准等。

二、食品标准的基本内容

食品标准的主要内容是食品安全卫生要求和营养质量要求。无论国际标准、区域标准，还是国家标准、行业标准、地方标准和企业标准，就食品标准的内容来看，主要包含以下几方面：

1. 食品卫生与安全

食品卫生与安全是食品标准必须规定的内容。我国食品安全标准是国务院授权国家卫生与计划生育委员会统一制定的，属于强制性标准。食品安全标准的内容一般有食品中重金属元素限量指标、食品中农药残留量最大限量指标、食品中有毒有害物质如黄曲霉毒素和硝酸盐、亚硝酸盐等限量指标、食品微生物指标以及重金属含量测定方法标准、有毒有害物质测定方法标准、农药残留量测定方法标准、微生物测定方法标准等。

2. 食品营养

食品营养指标是食品标准必须规定的技术指标，营养水平的高低是食品质量优劣的重要标志，反映产品的实际状况，并对原料的选择以及产品的加工工艺提出明确的规定。

3. 食品标志、包装、运输与贮藏

食品产品标准除了应符合国家规定的产品标准的一般要求外，还必须明确规定产品包装、标志、运输和贮存等条件，以确保消费者的安全。

4. 规范性引用文件

一个产品标准不可能是孤立存在的，必然要引用有关技术标准，执行国家的有关食品法规。在食品标准中引用的有关食品安全卫生的法律法规和强制性标准，必须贯彻执行有关规定，绝不能根据自己企业的需要而定。

三、标准的结构

标准的结构即为标准（或部分）的章、条、段、表、图和附录的排列顺序。由于标准化对象的不同，各类标准的结构及其包含的具体内容也各不相同。为便于标准使用者理解和正确使用、引用标准，起草者在起草标准时都应遵循以下有关标准内容和层次划分的统一规则。

（一）按内容划分

1. 标准内容划分的通则

由于标准之间的差异较大，较难建立一个被普遍接受的内容划分规则。通常，针对一个标准化对象应编制成一项标准并作为整体出版；特殊情况下，可编制成若干个单独的标准或在同一个标准顺序号下将一项标准分成若干个单独的部分。标准分成若干部分后，需要时，每一部分可以单独修订。

2. 部分的划分

（1）标准化对象的不同方面可能分别引起各相关方（如生产者、认证机构、立法机关等）的关注时，应清楚地区分这些不同方面，最好将它们分别编制成一项标准的若干单独的部分。这些不同的方面可能是健康和安全要求、性能要求、维修和服务要求、安装规则以及质量评定等。

（2）一项标准分成若干个单独的部分时，可使用下列两种方式：

①将标准化对象分为若干个特定方面，各部分分别涉及其中的一方面，并且能够单独使用。

②将标准化对象分为通用和特殊两方面，通用方面作为标准的第1部分，特殊方面（可修改或补充通用方面，不能单独使用）作为标准的其他各部分。

3. 单独标准的内容划分

标准是由各类要素构成的。一项标准的要素可按下列方式进行分类：

（1）按要素的性质划分，可分为资料性要素和规范性要素。

（2）按要素的性质以及它们标准中的具体位置划分，可分为资料性概述要素、规范性一般要求、规范性技术要素和资料性补充要素。

（3）按要素的必备的或可选的状态划分，可分为必备要素和可选要素。

（二）按层次划分

1. 概述

由于标准化对象的不同，标准的构成及其所包含的具体内容多少也各不相同。在编制某一个标准时，为便于读者理解和正确使用、引用标准，层次的划分一定要做到安排得当、构成合理、条理清楚、逻辑性强，有关内容要相对集中编排在同一层次内。在同一个层次内，所包含的内容应是相关联的，或是同一个主题。

2. 部分

部分是指以同一个标准顺序号批准发布的若干独立的文本，是某一项标准的基本组成部分。不应将部分再细分为分部分。部分的构成与单独标准一致，一般由资料性概述要素、规范性一般要素、规范性技术要素、资料性补充要素以及与之相对应的各组成要素组成。部分的序号用阿拉伯数字表示，按隶属关系放在标准顺序号之后，并用齐底"圆点"隔开。如 GB/T 1.1，就是 GB/T1 标准的第 1 部分。

3. 章

章是标准内容划分的基本单元。每章可包括若干条或若干段。应使用阿拉伯数字从 1 开始对章编号。编号应从"范围"一章开始，一直连续到附录之前。每一章均应有章标题，并应置于编号之后，如"1 范围"。

4. 条

条是章的有编号的细分单元。每条可包括若干段。第一层次的条可以再细分为第二层次的条，需要时，一直可分到第五层次。一个层次中有两个或两个以上的条时才能设条。如第 10 章中，如果没有 10.2，就不应设 10.1。

5. 段

段是章或条的细分，段不编号。在某一章或条中可包括若干段。

6. 列项

列项适于须对事项列举分承，且较为简短的内容，它可以附属于某一章、条或段内。列项应由一段后跟冒号的文字引出，在列项的各项之前应使用列项符号（"破折号"或"圆点"）。列项可用一个完整的句子开头引出；或者用一个句子的前半部分开头，该句子由分行列举的各项来完成。

7. 附录

附录按其所包含的内容分为"规范性附录"和"资料性附录"两类。每个附录均应在正文或前言的相关条文中明确提及，附录的顺序应按在条文（从前言算起）中提及它的先后顺序编排。每个附录均应有编号，如"附录 A"。每个附录中的章、图、表和数学公式的编号均应重新从 1 开始，编号前应加上附录编号中的大写字母，如附录 A 中的章用"A.1""A.2"等表示，而图用"图 A.1""图 A.2"等表示。

第三章　食品检验的前期工作

第一节　食品检验前的准备工作

在进行食品分析前，应做好相关的准备工作。如技术性文件的签订、食品生产企业的现场调查、样品采集方案的制订和采样前的准备等。

一、技术服务合同的签订

食品检验技术服务合同的范文如下：

食品检测委托协议书

一、协议双方

甲方：
乙方：

二、协议事项

1. 甲方依据《食品安全抽样检验管理办法》规定，委托乙方承担辖区内的食品安全抽样检验任务，按协议支付乙方费用。

2. 乙方负责按所能够检测的项目和方法，对甲方要求检测的项目进行检测，在检测周期内（因仪器故障或因其他人力不可抗拒的因素如停电、仪器损坏等除外），准确及时出具检测报告。

三、甲方的权利和义务

1. 在进行抽样任务时，甲方至少要有2人进行陪同，抽样结束后，及时和乙方办理委托检验手续。

2. 确定检测项目。

3. 按协议规定的收费标准向乙方支付检测费用。

四、乙方的权利和义务

1. 乙方负责按照《食品安全抽样检验指导规范》开展食品安全抽样工作，保证抽样工作质量。

2. 按甲方要求或指定的检测方法检测样品，承诺在项目检测周期内按照食品技术要求开展检验工作，完成检测任务，在收样之日起 20 个工作日内出具检测报告。未经甲方同意，乙方不得分包或者转包检验任务。

3. 对检验结论合格的，乙方应当自检验结论做出之日起妥善保存复检样品 3 个月或至保质期结束；对检验结论不合格的，乙方应当自检验结论做出之日起妥善保存复检样品 6 个月或至保质期结束。

4. 对检验结论合格的，乙方应当在检验结论做出后 10 个工作日内将检验结论报送甲方；对检验结论不合格的，乙方应当在检验结论做出后 2 个工作日内将检验结论报送甲方。

5. 保证不向除甲方以外的任何单位或个人泄露甲方的检测结果及其他相关信息，除甲方同意将保密信息披露给市场及法律要求外。

五、检测项目及费用

1. 检测项目按每份样品实际须检测的项目计算。
2. 每项检测项目的费用参考国家相关规定协议收费。

六、协议的解除

在协议履行过程中，发生以下情形之一的，签约方可在 3 日内通知对方解除协议。
1. 因对方违约使协议不能继续履行的；
2. 因不可抗拒原因造成协议无法继续履行的。

七、补充约定

1. 本协议未尽事宜，由双方协商并取得一致意见后，签署补充和修改文件，这些补充和修改文件应作为本协议的组成部分。

2. 甲乙双方应协商解决争端事项，协商不成，双方均有权向乙方所在地法院提起诉讼。

八、合同生效及终止

本协议一式肆份，甲乙双方各持贰份，加盖甲、乙双方公章，经法人（或法人授权委托人）签名后生效。合同有效期：自签订之日起一年有效。

甲方　　　　　　　　　　　　　　　　　　乙方

（签章）　　　　　　　　　　　　　　　　（签章）

签名　　　　　　　　　　　　　　　　　　签名

二、现场调查

正确选择采样点、采样对象、采样方法和采样时机等，必要时可预采样。

现场调查的调查内容包括：

①工作过程中使用的原料、辅助材料，生产的产品、副产品和中间产物等的种类、数量、纯度、杂质及其理化性质等；

②工作流程包括原料投入方式、生产工艺、加热温度和时间、生产方式和生产设备的完好程度等；

③劳动者的工作状况，包括劳动者人数、在工作地点停留时间、工作方式、接触有害物质的程度、频度及持续时间等；

④工作地点空气中有害物质的产生和扩散规律、存在状态、估计浓度等；

⑤工作地点的卫生状况和环境条件、卫生防护设施及其使用情况、个人防护设施及使用状况等。

三、采样前的准备

（一）采样所需物品的准备

在进入采样样品现场前，应准备好食品采样物品。主要包括采样工具、样品容器、防护用品和取证工具等。

1.采样工具

酒精灯、酒精棉球、灭菌棉拭子、消毒纱布、镊子、长柄勺、吸管、吸耳球、剪刀、火柴、皮筋、记号笔、标签纸等。

2.样品容器

无菌塑料袋、广口瓶、运送培养基试管、灭菌培养皿、一次性小试管、样品冷藏设施等。

3.防护用品

白色工作服、隔离衣、医用手套、口罩、帽子等。

4. 取证工具

照相机、摄像机、录音机，采样前需要查阅的其他相关专业参考资料。

（二）样品的种类

食品样品依包装形式的不同可分为预包装食品和散包装食品。预包装食品是经预先定量包装或装入、灌入容器中向消费者直接提供的食品。散包装食品如凉菜（含沙拉）、果盘、糕点、热加工或冷加工裱花蛋糕、生食或半生食海产品、冷冻饮品、鲜榨果蔬汁、饮料、盒饭等。

（三）采集方法

在食品样品的采集全过程中，应当按照国家规定标准中的规范方法和要求进行，其内容详见：

① GB 4789.1-2016 食品安全国家标准食品微生物学检验总则。

② GB 5009.1-2003 食品卫生检验方法理化部分。

③ GB 14934-2016 食品安全国家标准消毒餐（饮）具。

采样要无菌操作，以防止外界微生物污染和病原菌扩散。

（四）无菌采样操作基本步骤

（1）工作人员采样前，应对手进行消毒，然后对采样样品开口处及周围消毒后方可将容器打开。

（2）使用灭菌工具和无菌的采样容器采样。

（3）盛有样品的容器在火焰下燃烧瓶口，加盖封口。

（4）采集的数量。采集数量应能反映该食品的卫生质量和满足检验项目对样品量的需要，兼顾考虑理化检验和微生物检验两方面，所采样品应一式三份，分别供检验、复查、备查和仲裁使用，每份样品不少于检验需要量的两倍，以供检验、留样备查之用。

（五）样品标签及采样文书

采样后每件样品必须贴上标签，明确标记品名、来源、数量、采样地点、采样人及采样时间等内容。

第二节 食品样品的采集和预处理

一、食品样品的采集、准备和保存

被检验的"一批食品",称为总体。从总体中抽取出的一部分,作为总体的代表,称为样品。食品具有较大的不均匀性,同一种食品成品或原料,由于成熟度、加工及保存条件、受外界环境的影响不同,食品成分及其含量会有较大的差异,甚至同一分析对象,不同部位的成分和含量亦会有差异。食品又具有较大的易变性,因其本身是来自动植物组织,具有酶的活性;食品又是微生物的天然培养基;采样操作,特别是切碎混匀过程,破坏了食品的组织,使汁液外流,食品表面的微生物进入食品内部组织,更增加了食品样品的易变性。样品采集和保存的正确与否是食品检验成败的关键因素之一。如果所采样品没有代表性或样品保存不当造成被测成分损失或污染,检验结果不仅不能说明问题,还有可能得出错误的结论。

(一)食品样品的采集

1. 食品样品的采集原则

食品样品的正确采样必须遵循两个原则:第一,采集的样品须均匀,对总体应有充分的代表性,就是说样品要能充分反映总体的组成、质量和卫生状况;第二,采样过程中要设法保持原有食品的理化指标,防止待测成分逸散或污染。

2. 食品样品的采集方法

为了使采集的样品最大限度地接近总体,保证样品对总体有充分的代表性,采样时必须注意食品的生产日期、批号和均匀性,让处于不同方位、不同层次的食品有均等的被采集机会,使样品个体大小的构成比例和成熟的比例与总体的构成比例一致,即采样时不要带有选择性,不能只选择大的、成熟的,或只采集小的、差的。

样品的采集方法有随机采样和代表性取样两种。随机采样即是按照随机原则从大批物料中抽取部分样品,抽样时,应使所有物料的各部分都有被抽到的机会。代表性取样是以了解食品随空间(位置)和时间而变化的规律为基础,按此规律进行采样,使采集的样品能代表其相应部分的组成和质量,如分层取样、随生产过程的各个环节采样、定期抽取货架上陈列不同时间的食品等。采样时，一般采用随机采样和代表性取样相结合的方式，具体的采样方法则随分析对象的性质而异。

（1）有完整包装的食品

①大包装食品

先按式（3-1）确定采样件数，并由此确定食品堆放的不同部位具体的采样件数，取出选定的大包装，用采样工具在每一包装的上、中、下三层取出三份样。最后将采得的样品混匀，缩减到所需采样量。

$$采样件数 = \sqrt{总件数/2}$$

（3-1）

最后将采得的固体样品用"四分法"进行缩分。即将采得的样品充分混匀，倒在清洁的玻璃板或塑料布上，压平成厚度约 3cm 的规则形状，画"+"字线把样品分成四等份，取对角的两份混合，再如上分为四份，取对角的两份，继续此操作至取得所需采样量。

②小包装食品

如罐头、袋或听装奶粉、瓶装饮料等。一般按班次或批号随机取样，同一批号取样件数，250g 以上的包装不得少于 3 个，250g 以下的包装不得少于 6 个。如果小包装外还有大包装（纸箱等），可在堆放的不同部位抽取一定数量的大包装，打开包装，从每个大包装中抽取小包装，再缩减到所需采样量。

（2）散装食品与散装粮食

先划分若干等体积层，然后在每层的四角和中心各取一定样品，再用"四分法"进行缩分；散（池）装的液体食品，这类物料不便混匀，可用虹吸法在池的四角及中心五点分层取样，每层取 500mL 左右，混合后缩减到所需采样量。

对组成不均匀的固体食品（如肉、鱼、果品、蔬菜等），这类食品各部位极不均匀，个体大小及成熟程度差异很大，取样时更应注意代表性，可按下述方法取样。

①肉类、水产品等食品

应按分析项目的要求，分别采取不同部位的样品，或从不同部位取样，混合后代表该只动物；或从一只或几只动物的同一部位取样，混合后代表某一部位的情况。对小鱼、小虾等可随机取多个样品，切碎、混匀后，减至所需采样量。

②果蔬

个体较小的（如山楂、葡萄等），随机取若干个整体，切碎混匀，缩减到所需采样量；个体较大的（如西瓜、苹果、大白菜等），可按成熟度及个体大小的组成比例，选取若干个体，对每个个体按生长轴纵剖分成 4 份或 8 份，取对角 2 份，切碎混匀，缩减至所需采样量。采样量的多少应考虑分析项目、分析方法、被检物的均匀程度等因素。一般每个食品样品采集 1.5kg，将采得的样品分为 3 份，分别供检验、复查和备查用。

（二）食品样品的保存

为了保证食品检验结果的正确性，必须高度重视食品样品的保存。

1.保存原则

食物样品的保存原则为：防止污染，防止腐败变质，稳定水分，固定待测成分。

2.保存方法

食物样品的保存方法要做到净、密、冷、快。

（1）净

采集和保存样品的一切工具和容器必须清洁干净，不得含有待测成分。净也是防止样品腐败变质的措施。

（2）密

样品包装应是密闭的，以稳定水分，防止挥发成分损失，避免在运输、保存过程中引进污染物质。

（3）冷

将样品在低温下运输、保存，以抑制酶活性，从而抑制微生物的生长。

（4）快

采样后应尽快分析，对含水量高、分析项目多的样品，如不能尽快分析，应先将样品烘干测定水分，保存烘干样品。

二、食品样品的前处理

食品的成分复杂，当用某种化学方法或物理方法对其中某种组分的含量进行测定时，其他组分的存在，常给测定带来干扰。为了保证分析工作的顺利进行，分析结果准确可靠，必须在分析前消除干扰组分。此外，有些被测组分（如农药、黄曲霉毒素等污染物）在食品中的含量极低，要准确测定它们的含量，必须在测定前，对待测组分进行浓缩。这种在测定前进行的排除干扰成分、浓缩待测组分的操作过程称为样品的前处理。

食品样品前处理的目的就是消除干扰成分、浓缩待测组分，使制得的样品溶液满足分析方法的要求。

样品的前处理是食品分析的一个重要环节，其效果的好坏直接关系着分析工作的成败。常用的样品前处理方法较多，应根据食品的种类、分析对象、被测组分的理化性质及所选用的分析方法来选择样品的前处理方法。总的原则是：消除干扰成分，完整地保留待测组分，使待测组分浓缩。

（一）食品样品的常规处理

按采样规程采取的样品往往数量较多、颗粒较大、组成不均匀，有些食品还连同有非食用部分。这就需要先按食用习惯除去非食用部分，将液体或悬浮液体充分搅匀，或将固体样品、罐头样品等均匀化，以保证样品的各部分组成均匀一致，使分析时取出的任何部分都能获得相同的分析结果。

1. 除去非食用部分

对植物性食品，根据品种剔除非食用的根、皮、茎、柄、叶、壳、核等；对动物性食品常须剔除羽毛、鳞爪、骨、胃肠内容物、胆囊、甲状腺、皮脂腺、淋巴结等；对罐头食品，应注意消除果核、骨头、葱和辣椒等调味品。

2. 均匀化处理

常用的均匀化处理工具有：磨粉机、万能微型粉碎机、切割型粉碎机、球磨机、高速组织捣碎机、绞肉机等。对较干燥的固体样品，采用标准分样筛过筛。过筛要求样品全部通过规定的筛孔，未通过的部分应再粉碎并过筛，而不能将未过筛部分随意丢弃。

（二）无机化处理法

无机化处理法主要用于食品中无机元素的测定。通常是采用高温或高温结合强氧化条件，使有机物质分解并呈气态逸散，从而待测成分残留下来。根据具体操作条件的不同，可分为湿消化法和干灰化法两大类。

1. 湿消化法

湿消化法简称消化法，是常用的样品无机化方法之一。通常是在适量的食品样品中，加入硝酸、高氯酸、硫酸等氧化性强酸，结合加热来破坏有机物，使待测的无机成分释放出来，并形成各种不挥发的无机化合物，以便做进一步的分析测定。有时还要加一些氧化剂（如高锰酸钾、过氧化氢等）或催化剂（如硫酸铜、硫酸钾、二氧化锰、五氧化二钒等），以加速样品的氧化分解。

（1）方法特点

湿消化法分解有机物的速度快，所需时间短，加热温度较低，可以减少待测成分的挥发损失。缺点是在消化过程中，产生大量的有害气体，操作必须在通风柜中进行。由于消化初期易产生大量泡沫使样液外溢，消化过程中，可能出现碳化引起待测成分损失，因此需要操作人员随时照管，试剂用量大，空白值有时较高。

（2）常用的氧化性强酸

① 硝酸

通常使用的浓硝酸，其浓度为 48% ~ 65%，具有较强的氧化能力，能将样品中有机物氧化生成 CO_2 和 H_2O。所有的硝酸盐都易溶于水。硝酸的沸点较低，100% 硝酸在 84℃沸腾，硝酸与水的恒沸混合物（69.2%）的沸点为 121.8℃，过量的硝酸容易通过加热除去。由于硝酸的沸点较低，易挥发，因而氧化能力不持久。当需要补加硝酸时，应将消化液放冷，以免高温时迅速挥发损失，既浪费试剂，又污染环境。消化液中常残存较多的氮氧化物，如氮氧化物对待测成分的测定有干扰时，须再加热驱赶，有的还要加水加热，才能除尽氮氧化物。锡和锑易形成难溶的锡酸（H_2SnO_5）和偏锑酸（H_2SbO_3）或其盐。

在很多情况下，单独使用硝酸尚不能完全分解有机物，常与其他酸配合使用时，利用硝酸将样品中大量易氧化有机物分解。

②高氯酸

冷的高氯酸没有氧化能力，浓热的高氯酸是一种强氧化剂，其氧化能力强于硝酸和硫酸，几乎所有的有机物都能被它分解，且消化食品的速度也快。这是由于高氯酸在加热条件下能产生氧和氯的缘故。

一般的高氯酸盐都易溶于水。高氯酸与水形成含 72.4%$HClO_4$ 的恒沸混合物，即通常说的浓高氯酸，其沸点为 203℃。高氯酸的沸点适中，氧化能力较为持久，过量的高氯酸也容易加热除去。

在使用高氯酸时，需要特别注意安全，因为在高温下高氯酸直接接触一些还原性较强的物质，如酒精、甘油、脂肪、糖类以及次磷酸或其盐，因反应剧烈而有发生爆炸的危险。一般不单独使用高氯酸处理食品样品，而是用硝酸和高氯酸的混合酸来分解有机物质，在消化过程中注意随时补加硝酸，直到样品液不再碳化为止。准备使用高氯酸的通风柜，不应露出木质骨架，最好用陶瓷材料建造，在三角瓶或凯氏烧瓶上，装一个玻璃罩子与抽气的水泵连接以抽走蒸汽，勿使消化液烧干，以免发生危险。

③硫酸

稀硫酸没有氧化性，而热的浓硫酸具有较强的氧化性，对有机物有强烈的脱水作用，并使其碳化，进一步氧化生成二氧化碳。浓硫酸受热分解时，放出三氧化硫和水。

硫酸可使食品中的蛋白质氧化脱氨，但不能进一步氧化成氮氧化物。硫酸沸点高（338℃），不易挥发损失。在与其他酸混合使用，加热蒸发到出现三氧化硫白烟时，有利于除去低沸点的硝酸、高氯酸、水及氮氧化物。硫酸的氧化能力不如高氯酸和硝酸强，硫酸所形成的某些盐类，溶解度不如硝酸盐和高氯酸盐好，如钙、锶、钡、铅的硫酸盐，在水中的溶解度较小，沸点高，不易加热除去，故应注意控制加入硫酸的量。

（3）常用的消化方法

在实际工作中，除了单独使用硫酸的消化法外，经常采取几种不同的氧化性酸类配合使用，利用各种酸的特点，取长补短，以达到安全快速、完全破坏有机物的目的。几种常用的消化方法简述如下：

①单独使用硫酸的消化法

此法在样品消化时，仅加入硫酸一种氧化性酸，在加热情况下，依靠硫酸的脱水碳化作用，使有机物破坏。由于硫酸的氧化能力较弱，消化液碳化变黑后，保持较长的碳化阶段，使消化时间延长。为此，常加入硫酸钾或硫酸铜以提高其沸点，加适量硫酸铜或硫酸汞作为催化剂来缩短消化时间。凯氏定氮法测定食品中蛋白质的含量，就是利用此法来进行消化的。在消化过程中蛋白质中的氮转变成硫酸铵留在消化液中，不会进一步氧化成氮氧化物而损失。在分析一些含有机物较少的样品如饮料时，也可单独使用硫酸，有时可适当配合一些氧化剂如高锰酸钾和过氧化氢等。

②硝酸 - 高氯酸消化法

此法可先加硝酸进行消化，待大量有机物分解后，再加入高氯酸，或者以硝酸 - 高氯酸混合液将样品浸泡过夜，或小火加热待大量泡沫消失后，再提高消化温度，直至消化完全为止。此法氧化能力强，反应速度快，碳化过程不明显；消化温度较低、挥发损失少。但由于这两种酸经加热都容易挥发，故当温度过高、时间过长时，容易烧干，并可能引起残余物燃烧或爆炸。为了防止这种情况发生，有时加入少量硫酸，以防烧干。同时加入硫酸后可适当提高消化温度，充分发挥硝酸和高氯酸的氧化作用。本法对某些还原性较强的样品，如酒精、甘油、油脂和大量磷酸盐存在时，不宜采用。

③硝酸 - 硫酸消化法

此法是在样品中加入硝酸和硫酸的混合液，或先加入硫酸，加热，使有机物分解，在消化过程中不断补加硝酸。这样可缩短消化过程，减少消化时间，反应速度适中。此法因含有硫酸，不宜做食品中碱土金属的分析，这主要因为碱土金属的硫酸盐溶解度较小。对较难消化的样品，如含较大量的脂肪和蛋白质时，可在消化后期加入少量高氯酸或过氧化氢，以加快消化的速度。

上述几种消化方法各有优缺点，在处理不同的样品或做不同的测定项目时，做法上略有差异。加热温度、加酸的次序和种类、氧化剂和催化剂的加入与否，可按要求和经验灵活掌握，并同时做空白试验，以消除试剂及操作条件不同所带来的误差。

（4）消化的操作技术

根据消化的具体操作不同，可分为敞口消化法、回流消化法、冷消化法和密封罐消化法等。

①敞口消化法

这是最常用的消化操作法。通常在凯氏烧瓶或硬质锥形瓶中进行消化。凯氏烧瓶是一种底部为梨形、具有长颈的硬质烧瓶。操作时，在凯氏烧瓶中加入样品和消化液，将瓶倾斜呈约45°，用电炉、电热板或煤气灯加热，直至消化完全为止。由于本法系敞口加热操作，有大量消化酸雾和消化分解产物逸出，故须在通风柜内进行。为了克服凯氏烧瓶因颈长底圆而取样不方便，可采用硬质锥形瓶进行消化。

②回流消化法

测定具有挥发性的成分时，可在回流消化器中进行。这种消化器由于在上端连接冷凝器，可使挥发性成分随同冷凝酸雾形成的酸液流回反应瓶内，不仅可避免被测成分的挥发损失，也可防止烧干。

③冷消化法

冷消化法又称低温消化法，是将样品和消化液混合后，置于室温或 37 ~ 40℃烘箱内，放置过夜。由于在低温下消化，可避免极易挥发的元素（如汞）的挥发损失，不需特殊的设备，较为方便，但仅适用于含有机物较少的样品。

④密封罐消化法

这是近年来开发的一种新型样品消化技术。在聚四氟乙烯容器中加入样品，如果样品量为 1g 或 1g 以下，可加入 4mL 30% 过氧化氢和 1 滴硝酸，置于密封罐内。放入 150℃烘箱中保温 2h，待自然冷却至室温，摇匀，开盖，便可取此液直接测定，不需要再冲洗转移等手续。由于过氧化氢和硝酸经加热分解后，均有气体逸出，故空白值较低。

（5）消化操作的注意事项

①消化所用的试剂，应采用纯净的酸及氧化剂，所含杂质要少，并同时按与样品相同的操作做空白试验，以扣除消化试剂对测定数据的影响。如果空白值较高，应提高试剂纯度，并选择质量较好的玻璃器皿进行消化。

②消化瓶内可加玻璃珠或瓷片，以防止暴沸。凯氏烧瓶的瓶口应倾斜，不应对着自己或他人。加热时火力应集中于底部，瓶颈部位应保持较低的温度以冷凝酸雾，并减少被测成分的挥发损失。消化时如果产生大量泡沫，除迅速减小火力外，也可将样品和消化液在室温下浸泡过夜，第二天再进行加热消化。

③在消化过程中需要补加酸或氧化剂时，首先要停止加热，待消化液稍冷后才沿瓶壁缓缓加入，以免发生剧烈反应，引起喷溅，造成对操作者的危害和样品的损失。在高温下补加酸，会使酸迅速挥发，既浪费酸，又会增加环境污染。

2. 干灰化法

干灰化法简称灰化法或灼烧法，同样是破坏有机物质的常规方法。通常将样品放在坩埚中，在高温灼烧下使食品样品脱水、焦化，并在空气中氧的作用下，使有机物氧化分解成二氧化碳、水和其他气体而挥发，剩下无机物（盐类或氧化物）供测定用。

（1）灰化法的优缺点

基本上不加或加入很少的试剂，因而有较低的空白值；它能处理较多的样品；很多食品经灼烧后灰分少、体积小，故可加大称样量（可达 10g 左右），在方法灵敏度相同的情况下，可提高检出率；灰化法适用范围广，很多痕量元素的分析都可采用。灰化法操作简单，需要设备少，灰化过程中不需要人一直看守，可同时做其他实验准备工作，并适合做大批量样品的前处理，省时省事。灰化法的缺点：由于敞口灰化，温度又高，故容易造成被测成分的挥发损失；其次是坩埚材料对被测成分的吸留作用，由于高温灼烧使坩埚材料结构改变造成微小空穴，使某些被测成分吸留于空穴中很难溶出，致使回收率降低，灰化时间长。

（2）提高回收率的措施

用灰化法破坏有机物时，影响回收率的主要因素是高温挥发损失，其次是容器壁的吸留。提高回收率的措施有以下三方面：

①采取适宜的灰化温度

灰化食品样品，应在尽可能低的温度下进行，但温度过低会延长灰化时间。通常选用 500 ~ 550℃灰化 2h，或在 600℃灰化，一般不要超过 600℃。控制较低的温度是克服灰化缺点的主要措施。近年来，开始采用低温灰化技术，将样品放在低温灰化炉中，先将炉内抽至接近真空（10Pa 左右），然后不断通入氧气，流速为每分钟 0.3 ~ 0.8L，用射频照射使氧气活化，在低于 150℃的温度下便可将有机物全部灰化。但低温灰化炉仪器较贵，尚难普及推广。而用氧瓶燃烧法来灰化样品，不需要特殊的设备，较易办到。具体操作为：将样品包在滤纸内，夹在燃烧瓶塞下的托架上，在燃烧瓶中加入一定量吸收液，并充满纯的氧气，点燃滤纸包立即塞紧燃烧瓶口，使样品中的有机物燃烧完全，剧烈振摇，让烟气全部吸收在吸收液中，最后取出分析。本法适用于植物叶片、种子等少量固体样品，也适用于少量被检样品及纸色谱分离后的样品斑点分析。

②加入助灰化剂

加助灰化剂往往可以加速有机物的氧化，并可防止某些组分的挥发损失和增强吸留。例如，加氢氧化钠或氢氧化钙可使卤族元素转变成难挥发的碘化钠和氟化钙等；灰化含砷样品时，加入氧化砷和硝酸镁，能使砷转变成不挥发的焦砷酸镁（$Mg_2As_2O_7$），氧化镁还起衬垫材料的作用，减少样品与坩埚的接触和吸留。

③促进灰化和防止损失的措施

样品灰化后如仍不变白，可加入适量酸或水搅动，帮助灰分溶解，解除低熔点灰分对炭粒的包裹，再继续灰化，这样可缩短灰化时间，但必须让坩埚稍冷后才加酸或水。加酸还可改变盐的组成形式，如加硫酸可使一些易挥发的氯化铅、氯化砷转变成难挥发的硫酸盐；加硝酸可提高灰分的溶解度。但酸不能加得过多，否则会对高温炉造成损害。

（三）挥发法和蒸馏法

挥发法和蒸馏法是利用待测成分的挥发性将待测成分转变成气体或通过化学反应转变成为具有挥发性的气体，从而与样品基体成分相分离，分离出来的气体经吸收液或吸附剂收集后用于测定，也可直接导入测定仪器测定。这是一类很好的分离富集方法，可以排除大量非挥发性基体成分的干扰。

1. 扩散法

此法的操作常在微量扩散皿中进行。如食品中氟化物的分离，可加入硫酸加热，使氟变成易挥发的氟化氢气体，然后被吸收于碱中，便可进行测定；肉、鱼、蛋制品中挥发性盐基氮（氨和胺类）的分离，于样品浸提液中加入碱加热，使挥发性盐基氮释放出来，将其吸收在硼酸溶液中。

2. 顶空法

静态顶空分析法是将成分复杂的样品置于密闭系统中，经恒温一定时间达到平衡后，测定蒸气相中被测成分的含量，便可间接得到组分在样品中的含量。它使复杂样品的提取净化程序一次完成，大大简化了样品的前处理操作。该类方法比较成熟，应用较广泛，但灵敏度较低。动态顶空分析法是在样品中不断通入氮气，使其中挥发性成分随氮气流逸出，并收集于吸附柱或冷阱中，经加热解吸或加溶剂溶解后进行分析。动态法虽然操作较复杂，但灵敏度较高，可检测 ppb 级痕量低沸点化合物。

3.吹蒸法

用乙酸乙酯提取出样品中的农药，取一定量加入填充有玻璃棉、沙子的 Storherr 管中，将管子加热到 180 ~ 185℃，以 600mL· min-1 吹氮气 20min，农药随氮气被带出，经冷聚四氟乙烯螺旋管冷却后收集到玻璃管中，脂肪、蜡质、色素等高沸点杂质仍留在 Storherr 管中，从而达到分离净化浓缩的目的。

4.蒸馏法

通过加热蒸馏或水蒸气蒸馏，使样品中挥发性的物质随水蒸气一起被带出，收集馏出液用于分析。例如海产品中无机砷的减压蒸馏分离，在 2.67kPa（20mmHg）压力下，于 70℃进行蒸馏，可使样品中的无机砷在盐酸存在下生成三氯化砷被蒸馏出来，而有机砷在此条件下不挥发也不分解，仍留在蒸馏瓶内，从而达到分离的目的。

5.氢化物发生法

在一定条件下，将待测成分用还原剂还原形成挥发性共价氢化物，从基体中分离出来，经吸收液吸收显色后用分光光度法测定，或直接导入原子吸收仪进行测定。此法可以排除大量基体的干扰，当与原子吸收光谱法联用时，检测灵敏度可比溶液直接雾化提高几个数量级。现已广泛用于食品中锗、锡、铅、砷、锑、碲和汞的含量测定。

（四）溶剂提取法

溶剂提取法是食品检验中最常用的提取分离方法。依据相似相溶原则，用适当的溶剂将某种成分从固体样品或样品的浸提液中提取出来，从而与其他基体成分分离。溶剂提取法可分为浸提法和液 - 液萃取法。

l.浸提法

浸提法利用样品各组分在某一溶剂中的溶解度差异，用适当的溶剂将固体样品中的某种待测成分浸提出来，从而与样品基体分离。

（1）振荡浸渍法

将样品切碎，放在合适的溶剂系统中浸渍，振荡一定时间，从样品中提取出待测成分。此法简单易行，但回收率较低。

（2）捣碎法

将切碎样品放入捣碎机中，加溶剂捣碎一定时间，使待测成分被提取出来。此法回收率较高，同时干扰杂质溶出较多。

（3）索氏提取法

将一定量样品装入滤纸袋，放入索氏提取器中，加入溶剂加热回流一定时间，将待测成分提取出来。此法提取完全、回收率高，但操作麻烦。

2. 液-液萃取法

液-液萃取法是一种常用的分离方法。它是利用溶质在两种互不相溶的溶剂中分配系数不同，将其从一种溶剂中转移到另一种溶剂中，从而与其他组分分离的方法。如要测定猪油中的有机氯农药，可先用石油醚萃取，然后加浓硫酸使猪油中的脂肪变成极性大的亲水性物质，加水进行反萃取，便可除去脂肪，石油醚层即为较纯的有机氯农药。

在有机物的萃取分离中，相似相溶原则是十分有用的。一般来说，有机物易溶于有机溶剂而难溶于水，但有机物的盐易溶于水而难溶于有机溶剂。所以，有时须改变被测组分的极性，以利于萃取分离。

对酸性或碱性组分的分离，可通过改变溶液的酸碱性来改变被测组分的极性，以利于萃取分离。例如，食品中的苯甲酸钠，应先将溶液酸化，使其转变成苯甲酸后，再用乙醚萃取；鱼中组胺当以其盐的形式存在时，须加碱让它先变为组胺，才能用戊醇进行萃取。然后加盐酸，此时组胺以盐酸盐的形式存在，易溶于水，被反萃取至水相，达到较好的分离效果。海产品中无机砷与有机砷的分离，可利用无机砷在大于 8mol·L-1 盐酸中易溶于有机溶剂，小于 2mol·L-1 盐酸时易溶于水中的特性，先加 9mol·L-1 盐酸于海产品中，并以乙酸丁酯等有机溶剂萃取，此时无机砷进入乙酸丁酯层，而有机砷仍留在水层（可弃去），然后加水于乙酸丁酯中振摇（反萃取），此时无机砷进入水中，干扰的有机物仍留在有机相，较好地完成了分离。

（五）液相色层分离法

液相色层分离法又称液相层析分离法，或液相色谱分离法。这类方法的分离原理是利用物质在流动相与固定相两相间的分配系数差异，当两相做相对运动时，在两相间进行多次分配，分配系数大的组分迁移速度慢；反之则迁移速度快，从而实现组分的分离。

此类分离方法的最大特点是分离效率高，它能把各种性质极相似的组分彼此分开，因而是食品检验中一类重要而常用的分离方法。

根据操作形式不同，可以分为柱色谱法、纸色谱法和薄层色谱法等。

1. 柱色谱法

将固定相填装于柱管内制成色谱分离柱，色谱分离过程在柱内进行。常用的固定相有硅胶、氧化铝、硅镁吸附剂、人造浮石、各种离子交换树脂等。例如，用荧光法测定食品中的维生素 B_2 时，利用硅镁吸附剂柱将维生素 B_2 与杂质分离；用荧光法测定食品中的硫胺素维生素 B_1 时，利用人造浮石对硫胺素的吸附作用，让样品溶液通过人造浮石交换后，使硫胺素被吸附，用水将其他杂质洗去，再用酸性氯化钾溶液洗脱被吸附的硫胺素。此法操作简便，柱容量大，适用于微量成分的制备和纯化，应用较广泛。

2. 纸色谱法

以纸作为载体，纸上吸附的水作为固定相，操作时，在层析纸条的一端点加样品液，然后让流动相从点有样品液的一端，借毛细管作用缓缓流向另一端，此时溶质在固定相和流动相间进行分配，由于溶质在两相间的分配系数不同而达到分离。纸色谱法用于食品中人工合成色素的分离鉴定。

3. 薄层色谱法

薄层色谱法是指将固定相均匀地涂铺于具有光洁表面的玻璃、塑料或金属板上形成薄层，在此薄层上进行色谱分离的方法。

（六）固相萃取法

固相萃取法（Solid Phase Extraction，SPE）是一类基于液相色谱分离原理的样品制备技术，近十几年来在国内外得到普遍应用。将适当的固相材料（吸附剂）填充入小柱制成固相萃取柱，当样品溶液通过时，待测成分被吸附剂截留，经适当的溶剂洗涤除去可能吸附的样品基体，然后用一种选择性的溶剂将待测成分吸脱，达到分离、净化和浓缩的目的。

这类方法简便快速有效，使用有机溶剂少，在痕量分析中得到了广泛应用。

1. 吸附 SP

此法是根据待测成分和样品基体在吸附剂上的吸附能力不同进行分离的。常用的固体吸附剂有硅胶、氧化铝、活性炭、硅胶吸附剂、聚苯乙烯树脂等。

2. 分配 SP

此法是根据物质在两种互不相溶的溶剂间的分配系数不同实现分离的。固相材料一般是通过化学反应将适当的液体键合到硅胶上制成，如 CH 键合硅胶、苯基键合硅胶、氧基丙基键合硅胶、氨基键合硅胶等。

3. 离子交换 SP

此法是利用离子交换剂与溶液中带相同电荷离子间的交换势不同来进行分离的。

4. 凝胶过滤 SP

凝胶是高分子物质的溶液在一定条件下形成的半固体冻状物，它具有多孔的网状结构。分子大小不同的物质的溶液通过凝胶时，大分子物质被排阻，流出速度快，而小分子物质自由扩散于凝胶颗粒的孔穴中，流出速度慢。

5. 整合 SP

通过化学反应将整合剂偶联到载体上制成整合离子交换剂，如用巯基乙酸对棉花纤维的羟基进行多相酶化反应，而将硫基连接到纤维分子上制成巯基棉，可以用于 Se、As、Hg、Cu、Pb、Cd、Co、Ni 等离子的分离和富集。巯基棉的制备简单、操作方便、富集元素多、富集倍数大、吸附解吸性能好，通过控制溶液的酸度或pH值，可有较好的选择性。

6. 亲和色谱

此法是将对待测成分的特异抗体偶联到载体上制成亲和材料，当样品溶液通过亲和柱时，待测成分与抗体发生特异性反应被截留，从而与杂质相分离，然后用适当的溶剂洗脱待测成分。此法特异性高，净化和浓缩效果好。

（七）其他分离方法

1. 透析法

水溶性物质常用透析法来提取分离。它是利用高分子物质不能透过半透膜，而小分子或离子能通过半透膜的性质，实现大分子物质与小分子物质的分离。具体方法是：取捣碎的样品或匀浆置于半透膜内，浸泡在纯水中，因膜内含有大小不同的分子和离子而具有较高的渗透压，膜外的水分子能不断通过半透膜进入膜内，由于高分子物质不能透过半透膜，而小分子或离子能通过半透膜进入膜外水中，从而达到分离的目的。

2. 沉淀分离法

这是利用沉淀反应进行分离的方法。在试样中加入适当的沉淀剂，使被测成分或干扰成分沉淀下来，经过过滤或离心将沉淀与母液分开，从而达到分离目的。如要测定食品中的亚硝酸盐，还可加水进行浸取。如果样品中含有蛋白质等杂质，可先加碱性硫酸铜或三氯乙酸等蛋白质沉淀剂，将蛋白质沉淀，然后取水溶液来分析亚硝酸盐的含量。

总之，分离方法较多，可根据样品的种类、被测成分与干扰成分的性质差异，来选合适的分离方法。

第四章　食品理化检验的基础知识和技能

第一节　食品理化检验实验室管理

实验室的安全离不开一个有效的实验室安全管理制度，一个好的实验室安全管理制度不仅有利于实验室的安全管理，同时将极大地促进实验室的工作环境的改善，增加实验室人员及设备的安全性，提高工作效率。

一、实验室管理

理化检验实验室通常包括精密仪器实验室、化学分析实验室、辅助室（办公室、药品储藏室等），一般要求远离灰尘、烟雾、噪声和震动源，室内采光要好。管理规则如下：

（1）工作时要穿工作服，工作服应经常清洗。实验前后都要注意洗手，以免因手脏而玷污仪器、试剂、样品，以致引起误差；或将有害物质带出，甚至误入口中，引起中毒。

（2）实验室要随时整理、定期清扫，保持清洁、整齐；仪器、设备应定期除尘、更换干燥剂，保持清洁、干燥。

（3）实验室的仪器、药品、资料、工具等要布局合理、存放有序。

（4）实验数据、结果要记在专用的记录本上。记录要及时、真实、齐全、清楚、整洁、规范，如有错误，要划改重写，不得涂改。实验记录和报告单，应按照规定和需要保留一定时间，以备查考。

（5）实验完毕，一切仪器、药品、工具等要放回原处；仪器应及时清理，保持干净卫生。

（6）标准仪器，如检定过的天平、砝码、滴定管、容量瓶等量器具要妥善保护，不要随便挪用。

二、化验室安全规定

1. 化验员安全须知

（1）必须认真学习相关的安全技术规程，了解设备性能及操作中可能发生事故的原因，掌握预防和处理的方法。

（2）化验室严禁喧哗、打闹，保持化验室秩序井然，工作时应穿工作服，长头发要扎起戴上帽子，进行有危害性工作时要佩戴防护用具。如防护眼镜、防护手套、防护口罩，甚至防护面具。

（3）与化验无关的人员不得进入化验室，不允许化验人员在化验室做与化验无关的事。

（4）化验员在检验时禁止离开工作岗位，不得违章作业，操作时如必须离开要委托能负责任者看管。

（5）化验人员应具有安全用电、化学药品安全使用、设备安全管理、防火防爆灭火、预防中毒等基本安全常识。

（6）每日工作完毕检查水、电、汽、窗，确保安全后方可锁门离开。

2. 用电安全

（1）不准使用绝缘损坏或老化的线路及电器设备；保持电器及电线的干燥，不得有裸露电线；电热器和木制品应隔开一定距离，电气接线应该安全牢固。

（2）各类电气发生故障要及时通知有关人员修理，不得私自拆修；电源或电气的保险丝烧断时，应先查明原因，排除故障后再接原负荷，换上适合的保险丝。

（3）电线线路或设备起火时，须立即切断电源，并及时通知配电室进行维修，设备起火切忌用水灭火。

（4）禁止将电线头直接插入插座内使用。

（5）不得把含有易燃易爆溶剂的物品送入烘箱和高温炉中加热；冰箱中禁止存放易挥发的有机溶剂。

3. 药品使用安全

（1）严格执行相关部门《化验室危险化学药品使用安全管理规定》。

（2）药品和试剂要分类存放，有毒的化学药品要由专人负责保管，对药品的使用及领取做详细记录。

（3）所有药品、试剂要摆放整齐，贴有与内容物相符的标志；严禁将用完的原装试剂空瓶在不更换标签的情况下，装入其他试剂。经常检查药品瓶上的标签是否清楚，如模糊不清应及时更换标签。

（4）酸、强碱等有腐蚀性试剂，设专柜储存，使用时要戴防护用具。

（5）易燃易爆药品应存放于阴凉干燥处，通风良好，远离热源、火源，避免阳光直射。

（6）禁止将氧化剂和可燃物质一起研磨，爆炸性药品应在低温处储存，不得和其他易燃物质放在一起，移动时，不得剧烈震动。

（7）稀释浓硫酸时，只能将浓硫酸慢慢倒入水中，不能相反，必要时用水冷却。

（8）易燃液体的蒸馏、回收、回流、提纯操作要专人负责，远离明火，操作过程中不得离人，以防温度过高或冷却水突然中断，周围不得放置化学药品。

（9）开易挥发试剂瓶时，不准把瓶口对自己脸部或他人，不可直接用鼻子对着试剂瓶口辨认气味，如有必要，可将其远离鼻子，用手在瓶口上方扇动一下，使气味扇向自己辨认，绝不可用舌头品尝试剂。

（10）取下正在沸腾的水或溶液时，须用烧瓶夹夹住摇动后取下，以防突然剧烈沸腾溅出溶液伤人。

（11）腐蚀性药品洒在皮肤、衣物或桌面时，应立即用干布擦干，然后用相应的弱酸、弱碱清洗，最后用清水冲洗。药品不慎沾在手上，应立即清洗，以免忘记，误食入体内。

（12）化验使用过的废渣、废液应进行化学处理后方能倒掉。

4.设备安全管理

（1）电器设备安装时须检查所用电源，须与设备要求相符；使用前要检查是否漏电。

（2）各检验设备应按设备要求定点放置，电线线路应符合要求，严禁乱拉乱改线路。

（3）化验检验设备为化验室专用设备，只有化验室相关人员经过培训后方可使用，其他人员未经许可不得使用。

（4）高压、高温设备在使用时，严格按照操作规程执行，如发生意外立即切断电源。

（5）电炉、电烘箱要设置在不燃的基座上；使用电烘箱要安装自动测温装置，严格掌握烘烤温度，电热设备用完要立即切断电源。

（6）设备使用过程中，严格按照设备操作规程操作，若出现异常，及时通知化验室负责人，且停止使用，排除异常后方可使用。

（7）用酒精灯要远离易燃物品，酒精的加入量不允许超过容积的2/3，火焰确实熄灭后方可添加酒精；不可用口吹灭，须用灯帽盖灭或用湿布盖灭；严禁灯与灯对火。

（8）玻璃管与胶管、胶塞等拆装时，应先用水润湿，手上垫棉布，以免被扎伤。

（9）冰箱内不得存放腐蚀性、易挥发物品，烘箱内不得有易燃、易爆、腐蚀性药品。

5.防火、防爆、防毒与防火

（1）严格执行相关部门《火灾应急预案》。

（2）实验室内应备有灭火消防器材、急救箱和个人防护器材，化验室工作人员应熟知这些器材的位置及使用方法。

（3）化验室对易燃易爆物品应限量、分类、低温存放、远离火源。

（4）进行易燃易爆实验时，应有两人在场，以便相互照应。

（5）易爆药品、试剂存放使用时要格外小心谨慎。

（6）涉及毒品的操作，必须认真、小心，手上不要有伤口，实验完毕后一定要仔细洗手；产生有毒气体的实验一定要在通风柜中进行，并保持室内通风良好。

（7）遇到创伤、灼伤、化学灼伤等意外情况，必须先进行紧急处理，再及时送医院治疗。

（8）发现起火，要立即切断电源，扑灭着火源，移走可燃物。

（9）针对着火源的性质，采取相应的灭火措施：

如为普通可燃物，如纸张、书籍、木器着火用沙子、湿布、石棉布等盖灭；衣服着火时，应立即离开实验室（切勿慌张、乱跑），可用厚衣物、湿布包裹压灭，或躺倒滚灭，或用水浇灭；若在敞口容器中燃烧，可用石棉布盖灭，但绝不能用水；若有机溶剂洒在桌面、地面，遇火引燃，可用石棉布、沙子等盖灭，绝不能用水；若火势较大，除及时报警外，可用灭火器扑救。

三、实验室制度

1. 实验室管理制度

（1）实验室是进行教学活动的重要场所，学生应严格遵守实验室的各项制度和操作规程。

（2）实验室内要保持肃静、整洁，不准吸烟，不准高声谈笑和乱丢纸屑杂物，严禁在实验桌、橱、墙壁上涂写刻画。

（3）学生实验前应认真进行预习，明确实验目的、要求、方法和步骤，实验时应仔细观察、详细记录，不准马虎从事，更不得拼凑数据和抄袭他人的实验记录。

（4）在实验室内不得随意使用与实验无关的仪器、设备、工具、材料等，不得随意做规定以外的其他实验。

（5）自觉爱护实验室内一切仪器设备、设施，不准乱拿、乱用、乱拆、乱装。损坏任何设施，均应照价赔偿，情节严重者，加倍处罚。

（6）注意节约用水、用电。实验完毕后，及时断电、关水，并将仪器设备等物品整理复原，经指导教师检查后才能离开。

（7）加强实验室的安全防护工作，严格遵守实验室的操作规程，严防发生损坏仪器设备及发生失火、放射性污染等事故，如发生事故时，应立即采取抢救措施，保护现场，并向学校有关部门报告。

（8）凡指导实验的教师在实验完毕后应填写有关表格，与实验室责任人办妥交接手续。

2. 实验室安全制度

实验室是教学、科研的重要场所，在做实验时要始终贯彻"安全第一"思想，确保人员和设备的安全。

（1）实验人员不准用电炉取暖、烧水做饭。

（2）非实验人员不得随意进入实验室，严禁私人物品放入实验室。

（3）实验时严禁带电工作，如带电接线、拆线。有电导线不能裸露。

（4）危险品要有专人妥善保管，水电要指定专人管理，实验室要配备消防器材如灭火器，并放在妥当地方，下班时要关好用水、用电设备和门窗。

（5）实验教师及责任人要检查仪器、仪表的完好、安全情况，及时维修有故障的仪器仪表，防止事故发生。

第二节　常用仪器的使用

一、常用的玻璃器皿

（一）常用玻璃仪器分类

常用玻璃仪器分类见表4-1。

表4-1　玻璃仪器分类及用途

名称	用途	注意事项
量筒	粗略量取一定体积的液体的量器	不应加热，不能在其中配溶液，不能在烘箱中烘，不能盛热溶液
试剂瓶、细口瓶、广口瓶（棕色、无色）	细口瓶：存放液体试剂 广口瓶：存放固体试剂 棕色：存放怕光试剂	不能加热，不能在其中配溶液，放碱液的瓶子应用橡皮塞，磨口瓶要原配塞
移液管	准确地移取溶液	不能加热
滴定管（酸式、碱式）	容量分析滴定操作	不能加热，活塞要原配，漏水不能用，酸式、碱式不能混用
容量瓶	配制准确体积的溶液	不能烘烤与直接加热，可用水浴加热，不能存放药品
烧杯	配制溶液	可直接加热，但须放在石棉网上（使其受热均匀）
三角烧瓶	加热处理试样，容量分析	可直接加热，但须放在石棉网上
圆底烧瓶（蒸馏瓶）	加热或蒸馏液体	可直接加热，但须放在石棉网上
凯氏烧瓶	消化有机物	可直接加热，但须放在石棉网上

续表

试管	定性检验，离心分离	可直接在火上加热，离心试管只能在水浴上加热
滴瓶（棕色、无色）	装须滴定的试剂	不要将溶液吸入橡皮头内
抽滤瓶	抽滤时接收滤液	属于厚壁容器，能耐负压，不可加热
干燥器（棕色、无色）	保持烘干及灼烧过的物质的干燥	底部要放干燥剂，盖磨口要涂适量凡士林，不可将炽热物体放入，放入物体后要间隔一段时间开盖以免盖子跳起

（二）玻璃器皿的洗涤方法

化验室经常使用的各种玻璃仪器是否干净，常常影响到分析结果的可靠性与准确性，所以保证所使用的玻璃仪器干净是非常重要的。洗涤玻璃仪器的方法很多，应根据实验的要求、污物的性质和污染的程度来选用须准确量取溶液的量器，清洗时不易使用毛刷，因长时间使用毛刷，容易磨损量器内壁，使量取的物质不准确。一般来说，附着在仪器上的污物有可溶性物质，也有尘土、油污和其他不溶性物质。实验工作中应根据污物及器皿本身的化学或物理性质，有针对性地选用洗涤方法和洗涤剂。通常清洗方法有用水刷洗、用合成洗涤剂洗或肥皂液、铬酸洗液洗。

1. 水洗

用水刷洗，可以洗去可溶性物质，又可以使附着在仪器上的尘土和其他不溶性物质脱落下来。例如烧杯、试管、量筒、漏斗等仪器，一般先用自来水洗刷仪器上的灰尘和易溶物，再选用粗细、大小、长短等不同型号的毛刷，蘸取洗衣粉或各种合成洗涤剂，转动毛刷刷洗仪器的内壁。洗涤试管时要注意避免试管刷底部的铁丝将试管捅破。用清洁剂洗后再用自来水冲洗。洗涤仪器时应该一个一个地洗，不要同时抓多个仪器一起洗，这样很容易将仪器碰坏或摔坏。

2. 用去污粉或合成洗涤剂刷洗

去污粉由碳酸钠、白土、细砂等组成，它与肥皂、合成洗涤剂一样，都能够去除仪器上的油污，而且由于去污粉中还含有白土和细沙，其摩擦作用能使洗涤的效果更好。经过去污粉或合成洗涤剂洗刷过的仪器，再用自来水冲洗，以除去附着在仪器上的白土、细沙或洗涤剂。但应注意，用于定量分析的器皿一般不采用这种方法洗涤。

3.用铬酸洗液洗

在进行精确的定量实验时，对仪器的洁净程度要求更高。由于仪器容积精确、形状特殊，不能用刷子机械地刷洗，要用洗液（或工业浓硝酸）清洗。铬酸洗液是由浓硫酸和重铬酸钾配制而成的，具有很强的氧化性，对有机物和油污的去污能力特别强。用洗液洗涤仪器时，先往仪器内加少量洗液，其用量约为仪器总容量的 1/5，然后将仪器倾斜并慢慢转动，使仪器的内壁全部为洗液湿润，这样反复操作。最后把洗液倒回原瓶内，再用水把残留在仪器上的洗液洗去。如果用洗液把仪器浸泡一段时间或者用热的洗液洗，则洗涤效率更高。使用铬酸洗液时要注意如下几点：

（1）被洗涤的仪器内不宜有水，以免洗液被冲淡而失效。

（2）洗液可以反复使用，用后应倒回原瓶。当洗液颜色变成绿色时则已失效。

（3）洗液吸水性很强，应把洗液瓶的瓶塞盖紧，以防洗液吸水而失效。

（4）洗液具有很强的腐蚀性，会灼伤皮肤和破坏衣物，使用时应当注意安全。如不慎洒在皮肤、衣服或实验桌上，应立即用水冲洗。

（5）铬的化合物有毒，清洗仪器上残留的洗液所产生的废液应回收处理，以免锈蚀管道和污染环境。

除了上述清洗方法外，现在还有先进的超声波清洗器：只要把用过的仪器，放在配有合适洗涤剂的溶液中，接通电源，利用声波的能量和振动，就可将仪器清洗干净，既省时又方便，用上述各种方法洗涤后的仪器，经自来水多次、反复冲洗后，往往还留有 Ca^{2+}、Mg^{2+}、Cl^- 等离子。如果实验中不允许这些离子存在，应该再用去离子水把它们洗去，洗涤时应遵循"少量多次"的原则，每次用水量一般为总容量的 5% ~ 20%，淋洗三次即可。已洗净仪器的器壁上，不应附着不溶物或油污。器壁可以被水润湿，如果把水加到仪器中，再把仪器倒转过来，水会顺着器壁流下，器壁上只留下一层既薄又均匀的水膜，并无水珠附着在上面，这样的仪器才算洗得干净。凡是已洗净的仪器内壁，绝不能再用布或纸去擦拭，否则，布或纸的纤维将会留在仪器壁上反而玷污了仪器。毛细管、玻璃棒等洗净后，应插在储有清洁去离子水的烧杯中，绝不允许放在实验台上。

常见的洗涤液铬酸洗液：20g 重铬酸钾溶于加热搅拌的 40g 水中，再慢慢加入 360g 工业浓盐酸。对有机物的油污去除能力强，但其腐蚀性强，有一定毒性，使用时应注意安全。

碱性高锰酸钾洗液：4g 高锰酸钾溶于水中，加入 10g 氢氧化钾，用水稀释至 100mL，用于清洗油污或其他有机物质。

草酸洗液：5 ~ 10g 草酸溶于 100mL 水中，加入少量浓盐酸，此溶液用于洗涤高锰酸钾后产生的二氧化锰。

碘 - 碘化钾洗液：1g 碘和 2g 碘化钾溶于水，用水稀释至 100mL，用于洗涤硝酸银黑褐色残留污物。

纯酸洗液：盐酸或硝酸（1+1），用于除去微量离子。

碱性洗液：10% 氢氧化钠水溶液加热使用，去油效果较好。

有机溶剂：乙醚、乙醇、苯、丙酮，用于洗去油污或溶于该溶剂的有机物。

玻璃器皿洁净度检查：一般是看内壁应完全被水润湿而不挂水珠。

（三）玻璃器皿的干燥

玻璃器皿应在每次实验完后洗净干燥备用。不同实验对玻璃仪器的干燥程度有不同的要求，如滴定酸度用的三角瓶洗净后即可使用，而脂肪测定中的三角瓶要求干燥。应根据不同要求来干燥仪器。干燥的方法如下：

1. 晾干

不急用的可倒置自然干燥。将洗净的仪器倒立放置在适当的仪器架上，让其在空气中自然干燥，倒置可以防止灰尘落入，但要注意放稳。

2. 烘干

洗净的玻璃器皿可以放在电热干燥箱（也叫烘箱）内烘干，但放进去之前应尽量把水倒净，放置玻璃器皿时，应注意使器皿的口向下，倒置后不稳的器皿则应平放。可以在电热干燥箱的最下层放一个搪瓷盘，以接受从仪器上滴下的水珠，水不要滴到电炉丝上，以免损坏电炉丝。一般在 105℃~120℃温度下烘干。量器不可在烘箱烘干。

3. 烤干

烧杯和蒸发皿可以放在石棉网上用小火烤干，试管可以直接用小火烤干。操作时，试管要略微倾斜，管口向下，并不时地移动试管，把水珠赶掉，最后，烤到不见水珠时，管口朝上，以便把水汽赶尽。

4. 用有机溶剂干燥

在洗净的器皿内加入少量有机溶剂，最常用的是酒精和丙酮，把器皿倾斜，转动器皿，器皿壁上的水即与酒精或丙酮混合，然后倾出酒精或丙酮和水的混合液，最后留在仪器皿的酒精或丙酮挥发，器皿得以干燥。

5.吹干

急于干燥的可用热风吹干，玻璃仪器用烘干机。用热或冷的空气流将玻璃仪器吹干，所用仪器是电吹风机或玻璃仪器气流干燥器。用吹风机吹干时，一般先用热风吹玻璃仪器的内壁，待干后再吹冷风使其冷却。如果先用易挥发的溶剂如乙醇、乙醚、丙酮等淋洗一下仪器，将淋洗液倒净，然后用吹风机用冷风—热风—冷风的顺序吹，则会干得更快。另一种方法是将洗净的仪器直接放在气流烘干器里进行干燥。

还应注意的是，一般带有刻度的计量仪器，如移液管、容量瓶、滴定管等不能用加热的方法干燥，以免受热变形而影响这些仪器的精密度。玻璃磨口仪器和带有活塞的仪器如酸式滴定管、分液漏斗等洗净后放置时，应该在磨口处和活塞处垫上小纸片，以防止长期放置粘上不易打开。

二、滴定分析常用仪器的操作

（一）滴定管

滴定管是用于准确测量所消耗的标准溶液体积的玻璃量器。分为酸式滴定管和碱式滴定管。酸式滴定管主要盛放酸性、中性、氧化性溶液，不能放碱液，否则会腐蚀玻璃，导致活塞难以转动；碱式滴定管是盛放碱液的，带有一段橡皮管的，不能盛放酸性或氧化性溶液，否则会腐蚀橡皮管，橡皮管内有一小玻璃珠，用来控制流量，如图4-1所示。

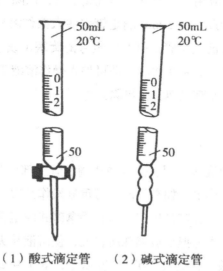

（1）酸式滴定管　（2）碱式滴定管

图4-1　滴定管

1.滴定管的洗涤

无明显油污的滴定管，直接用自来水冲洗。若有油污，则用铬酸洗液洗涤。碱式滴定管洗涤时，要注意不能使铬酸洗液直接接触橡皮管。

2.涂油

用滤纸擦净活塞和塞座，用手指蘸少量凡士林，在活塞两端涂上薄薄一层。把活塞垂直插入塞座内，向同一方向做圆周运动，直到从外面观察，凡士林均匀透明为止。如果涂油太多，很容易将出口管尖堵塞，可先用水充满全管，将出口端浸入热水中，温湿片刻后，打开活塞，使管内的水流突然流出，将溶化的油脂带出。

3.检漏

酸式滴定管应将旋塞关闭，将滴定管装满水后垂直架放在滴定管夹上，放置 2min，观察管口及旋塞两端是否有水渗出。随后再将旋塞转动 180°，再放置 2min，看是否有水渗出。若前后两次均无水渗出，旋塞转动也灵活，则可使用，否则应将旋塞取出，重新按上述要求涂凡士林并检漏后方可使用。碱式滴定管应选择大小合适的玻璃珠和橡皮管，并检查滴定管是否漏水、液滴是否能灵活控制，如不合要求则重新调换大小合适的玻璃珠。

4.润洗

加入操作溶液时，应用待装溶液先润洗滴定管，以除去滴定管内残留的水分，确保操作溶液的浓度不变。为此，对 50mL 滴定管先注入操作溶液约 10mL，然后两手平端滴定管，慢慢转动，使溶液流遍全管，打开滴定管的旋塞（或捏挤玻璃珠），使润洗液从出口管的下端流出。如此润洗 2 ~ 3 次后，即可加入操作溶液于滴定管中。注意检查旋塞附近或橡皮管内有无气泡，如有气泡，应排除。

5.排气、装液

酸式滴定管可转动旋塞，用右手拿酸式滴定管上部无刻度处，滴定管倾斜约 30°，左手迅速打开活塞使溶液冲出，如有气泡，可重复操作几次，如仍有气泡，可能出口管部分没洗干净，须重洗；碱式滴定管排气，用右手拿碱式滴定管上部或固定在铁架台上，左手将橡皮管向上弯曲，并用力捏挤玻璃珠所在处，使溶液从尖嘴喷出，即可排除气泡。排除气泡后，加入操作溶液，使之在"0"刻度以上，等 1 ~ 2min 后，再调节液面在 0.00mL 刻度处，备用。滴定时最好每次都从 0.00mL 开始，或从接近"0"的任一刻度开始。这样可固定在滴定管某一体积范围内滴定，减少体积误差。如液面不在 0.00mL 处，则应记下初读数。

6.滴定操作

　　滴定最好在锥形瓶中进行，必要时也可在烧杯中进行。使用酸式滴定管滴定时如图4-2所示，左手控制活塞，无名指和小指向手心弯曲，轻轻抵住出口管，大拇指在前，食指和中指在后，手指略微弯曲，轻轻向内扣住活塞，手心空握，以防顶出活塞，造成漏液。使用碱式滴定管时如图4-3所示，左手拇指在前，食指在后，捏住橡皮管中的玻璃珠所在部位稍上处，捏挤橡皮管，使其与玻璃珠之间形成一条缝隙，溶液即可流出。但注意不能捏挤玻璃珠下方的橡皮管，否则空气会进入而形成气泡。右手拇指、食指、中指握持锥形瓶，其余两指辅助下侧，三角瓶底离台2 ~ 3cm，滴定时滴定管下端伸入瓶口约1cm，边滴边摇动。摇瓶时，应微动腕关节，使溶液向同一方向做圆周旋转，而不能前后振动，否则会溅出溶液。滴定速度一般为10ml/min，即每秒3 ~ 4滴。临近滴定终点时，应一次加入一滴或半滴，并用洗瓶吹入少量水淋洗锥形瓶内壁，使附着的溶液全部落下，然后摇动锥形瓶，如此继续滴定15 ~ 30s时不褪色，即为达到终点为止。滴定时出口管尖处不得有悬液，滴定结束时出口管嘴上悬液应用三角瓶内壁沾下。滴定半滴溶液的方法：轻轻转动活塞或挤压胶管，使溶液悬挂在出口管尖上，形成半滴，用三角瓶内壁将其沾落，再用洗瓶吹洗。

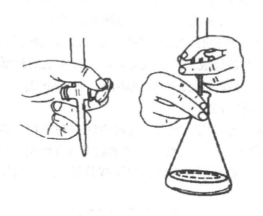

图4-2　酸式滴定管操作

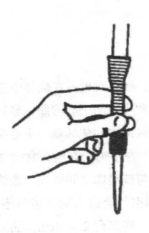

图 4-3　碱式滴定管操作

有些样品适合在烧杯中滴定，将烧杯放在滴定台上，管尖下端伸入烧杯口约 1cm，不能靠壁，左手加液，右手拿玻璃棒沿同一方向做圆周搅拌溶液，不要碰到烧杯壁，滴定临近终点加半滴溶液时用玻璃棒下端轻沾一下，再浸入溶液中搅拌，注意玻璃棒不要接触管尖。

7.读数

滴定管应垂直地夹在滴定台上，操作者要坐正或站正读数，由于一般滴定管夹不能使滴定管处于垂直状态，所以可从滴定管夹上将滴定管取下，一手拿住滴定管上部无刻度处，使滴定管保持自然垂直再进行读数。视线与零线或弯液面在同一水平面。

（1）对无色溶液或浅色溶液，应读取弯月面下缘实线的最低点，即视线与弯月面下缘实线的最低点应在同一水平面上；对有色溶液，如 $KMnO_4$、I_2 溶液等，视线应与液面两侧与管内壁相交的最高点相切。

（2）为了协助读数，可采用读数卡，这种方法有利于初学者练习读数。读数卡可用黑纸或涂有黑长方形的白纸制作。读数时，将读数卡放在滴定管背后，使黑色部分在弯月面下约 1mm 处，此时即可看到弯月面的反射层成为黑色，然后读此黑色弯月面下缘的最低点。

（3）读数必须精确至 0.01mL。如读数为 21.24mL。

实验完毕后，滴定溶液不宜长时间放在滴定管中，应将管中的溶液倒掉，用水洗净后倒挂在滴定台上。

（二）移液管

移液管和吸量管都是用于准确移取一定体积溶液的量出式玻璃量器。移液管是一根细长而中间膨大的玻璃管，在管的上端有一环形标线，膨大部分标有它的容积和标定时的温度。常用的移液管有 10mL、25mL 和 50mL 等规格。通常又把具有刻度的直形玻璃管称为吸量管。常用的吸量管有 1 mL、2mL、5mL 和 10mL 等规格。移液管和吸量管所移取的体积通常可准确到 0.01mL。

移液管和吸量管的操作方法：

1.使用前

使用移液管，首先要看一下移液管标记、准确度等级、刻度标线位置等。使用移液管前，应先用铬酸洗液润洗，以除去管内壁的油污。然后用自来水冲洗残留的洗液，再用蒸馏水洗净。洗净后的移液管内壁应不挂水珠。移取溶液前，应先用滤纸将移液管端内外的水吸干，然后用欲移取的溶液润洗管壁 2 次～ 3 次，以确保所移取溶液的浓度不变。

2.润洗、吸液

用洗净并烘干的小烧杯倒出一部分欲移取的溶液，用右手的拇指和中指捏住移液管的上端，将管的下口插入欲吸取的溶液中，插入不要太浅或太深，一般为 1 ～ 2cm 处，太浅会产生吸空，把溶液吸到洗耳球内弄脏溶液，太深又会在管外黏附溶液过多。左手拿洗耳球，先把球中空气压出，再将球的尖嘴接在移液管上口，慢慢松开压扁的洗耳球使溶液吸入管内，先吸入该管容量的 1/3 左右或吸入溶液至刚入膨大部分，用右手的食指按住管口，取出，横持，并转动管子使溶液接触到刻度以上部位，以置换内壁的水分，当溶液流至距上管口 2 ～ 3cm 时，将管直立，然后将溶液从管的下口放出并弃去，如此反复洗三次。用同样的方法轻轻将溶液吸上，眼睛注意正在上升的液面位置，移液管应随容器内液面下降而下降，当液面上升到刻度标线以上约 1cm 时，迅速用右手食指堵住管口，取出移液管，用滤纸擦去管尖外部的溶液，将移液管的流液口靠洁净小烧杯内壁，小烧杯倾斜约 45°，管身保持直立，稍松食指，用拇指及中指轻轻捻转管身，使液面缓慢下降，直到调定零点，按紧食指，使溶液不再流出，将移液管插入准备承接溶液的容器中。

3.放液

承接溶液的器皿如是锥形瓶，应使锥形瓶倾斜 45°，移液管直立，管下端紧靠锥形瓶内壁，稍松开食指，让溶液沿瓶壁慢慢流下，全部溶液流完后须等 15s 后再拿出移液管，以便使附着在管壁的部分溶液得以流出。如果移液管未标明"吹"字，则残留在管尖末端内的溶液不可吹出，因为移液管所标定的量出容积中并未包括这部分残留溶液。

4.注意事项

（1）在调整零点和排放溶液过程中，移液管都要保持垂直，其流液口要接触倾斜的器壁（不可接触下面的溶液）并保持不动；等待 15s 后，流液口内残留的一点溶液绝对不可用外力使其被震出或吹出；移液管用完应放在管架上，不要随便放在实验台上，尤其要防止管颈下端被玷污。

（2）吸量管的全称是"分度吸量管"，它是带有分度的量出式量器，用于移取非固定量的溶液。吸量管的使用方法与移液管大致相同，这里只强调以下几点：

①由于吸量管的容量精度低于移液管，所以在移取 2mL 以上固定量溶液时，应尽可能使用移液管。

②使用吸量管时，尽量在最高标线调整零点。

③吸量管的种类较多，要根据所做实验的具体情况，合理地选用吸量管。但由于种种原因，目前市场上的产品不一定都符合标准，有些产品标志不全，有的产品质量不合格，使得用户无法分辨其类型和级别，如果实验精度要求很高，最好经容量校准后再使用。

（三）容量瓶

主要用于准确地配制一定浓度的溶液。它是一种细长颈、梨形的平底玻璃瓶，配有磨口塞。瓶颈上刻有标线，当瓶内液体在所指定温度下达到标线处时，其体积即为瓶上所注明的容积数。一种规格的容量瓶只能量取一个量。使用容量瓶前，应先检查容量瓶的体积是否与所要求的一致。若配制见光易分解物质的溶液，应选择棕色容量瓶。常用的容量瓶有 100mL、250mL、500mL、1000mL 等多种规格。容量瓶的基本操作如下，如图 4-4。

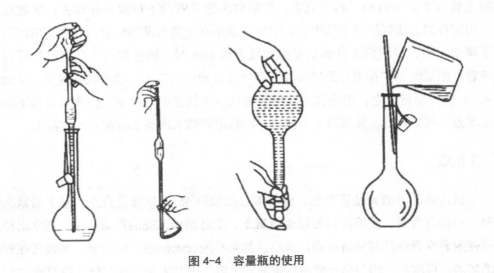

图 4-4　容量瓶的使用

1. 试漏

使用前检查瓶塞处是否漏水，具体操作方法是，在容量瓶内装入半瓶水，塞紧瓶塞，用右手食指顶住瓶塞，另一只手五指托住容量瓶底，将其倒立 2min，即瓶口朝下，观察容量瓶是否漏水。若不漏水，将瓶正立且将瓶塞旋转 180°后，再次倒立 2min，检查是否漏水，若两次操作，容量瓶瓶塞周围皆无水漏出，即表明容量瓶不漏水。经检查不漏水的容量瓶才能使用。

2. 洗涤

自来水洗涤若干次，较脏（内壁挂水珠）时，可用铬酸洗液洗涤，洗涤时将瓶内水尽量倒空，然后倒入铬酸洗液 10 ~ 20mL，盖上塞，边转动边向瓶口倾斜，至洗液布满全部内壁放置数分钟，倒出洗液，用自来水充分洗涤，然后实验室用水润洗 2 ~ 3 次。

3. 转移

若要将固体物质配制一定体积的溶液，通常是将准确称量好的固体物质放在烧杯中，用少量溶剂溶解后，再定量地转移到容量瓶中。转移时要用玻璃棒引流。方法是将玻璃棒一端紧靠在容量瓶颈内壁上，但不要太接近瓶口，以免有溶液溢出。待烧杯中的溶液倒尽后，烧杯不要直接离开搅棒，而应在烧杯扶正的同时使杯嘴沿玻璃棒上提 1 ~ 2cm，同时直立，使附着在烧杯嘴上的一滴溶液流回烧杯中。为保证溶质能全部转移到容量瓶中，用少量水或其他溶剂刷洗烧杯 3 ~ 4 次，每次用洗瓶或滴管冲洗杯壁和搅棒，按同样的方法移入瓶中。

如果固体溶质是易溶的，而且溶解时又没有很大的热效应发生，也可将称取的固体溶质小心地通过干净漏斗放入容量瓶中，用水冲洗漏斗并使溶质直接在容量瓶中溶解。如果是浓溶液稀释，则用移液管吸取一定体积的浓溶液，放入容量瓶中，再按下述方法稀释并定容。

4. 定容

溶液转入容量瓶后，加溶剂，稀释至 3/4 体积时，将容量瓶平摇几次，做初步混匀，切勿倒转摇动这样又可避免混合后体积的改变，继续加溶剂至刻线以下约 1cm，等待 1 ~ 2min，小心地逐滴加入，直至溶液的弯月面与标线相切为止盖紧塞子。

5. 摇匀

左手捏住瓶颈止端，食指压住瓶塞，右手三指托住瓶底，将容量瓶倒转并振荡，再倒转过来，仍使气泡上升至顶，如此反复 10 ~ 15 次，即可混匀。

6. 注意事项

（1）容量瓶的容积是特定的，刻度不连续，所以一种型号的容量瓶只能配制同一体积的溶液。在配制溶液前，先要弄清楚需要配制的溶液的体积，然后再选用相同规格的容量瓶。

（2）易溶解且不发热的物质可直接用漏斗倒入容量瓶中溶解，其他物质基本不能在容量瓶里进行溶质的溶解，应将溶质在烧杯中溶解后转移到容量瓶里。

（3）用于洗涤烧杯的溶剂总量不能超过容量瓶的标线。

（4）容量瓶不能进行加热。如果溶质在溶解过程中放热，要待溶液冷却后再进行转移，因为一般的容量瓶是在20℃的温度下标定的，若将温度较高或较低的溶液注入容量瓶，容量瓶则会热胀冷缩，所量体积就会不准确，导致所配制的溶液浓度不准确。

（5）混合溶液时，不要用手掌握住瓶身，以免体温使液体膨胀，影响容积的准确。

（6）容量瓶只能用于配制溶液，不能储存溶液，因为溶液可能会对瓶体进行腐蚀，从而使容量瓶的精度受到影响。

（7）容量瓶用毕应及时洗涤干净，塞上瓶塞，并在塞子与瓶口之间夹一张纸条，防止瓶塞与瓶口粘连。

第三节　食品分析检验中误差及数据处理

一、食品分析中的误差分析

食品检验分析是一门实践性具有很强的学科，食品检验后要对大量的实验数据进行科学处理，几乎所有的实验结果，包括非常明显实验效果的实验结果，都需要用适当的统计分析方法进行分析及评价。因为在分析过程中有诸多因素会影响到分析结果，但是，即使选择最准确的分析方法、使用最精密的仪器设备，技术最熟练的人员操作，对同一样品进行多次重复分析，所得结果不会完全相同，也不可能得到绝对准确的结果。因此误差是客观存在的，如何减少检验过程中产生的误差，提高分析结果的准确度和精密度，是保证分析数据准确性的关键措施。

（一）分析的可靠性——准确度和精密度

正确理解准确度和精密度的概念至关重要。准确度是指单个测量值与真实值的相接近程度。确定准确度的困难在于真实值得不到确定。对某些类型的材料，可以在国家标准技术研究或类似机构买标准样品，并根据标准样品验证试验过程，这样可以对试验过程的准确度做出评价。另一种方法是假设其他实验室的测定结果是准确的，将结果与之相比较，判断两者间的一致性。

精密度是指在相同条件下n次重复测定结果之间的接近程度，精密度的大小用偏差表示，偏差越小说明精密度越高。

（二）误差

人们化验分析时总是希望获得准确的分析结果，这就表明误差是客观存在的。测量值与真实值的差叫误差。

I.误差分类

误差来源有三种：系统误差（有确定值）、偶然误差（无确定值）和过失误差。
（1）系统误差
又称定值误差，是由化验操作过程中某些固定原因造成的。具有单向性，即正负、大小都有一定的规律性，当重复进行实验分析时会重复出现。若找出原因，即可设法减少到可忽略的程度。主要产生原因有：①测量方法，指化验方法本身造成的误差。如沉淀的溶解、反应不完全、指示剂终点与化学计量点不符合等。②实验仪器，由于使用的仪器本身不够精密所造成的，为仪表本身固有。③实验试剂，由于试剂不纯或蒸馏水不纯，含有被测物或干扰物而引起的误差。④操作，由于化验人员对分析操作不熟练，对终点颜色敏感性不同、对刻度读数不正确等引起。⑤测量环境变化或测量条件与正常条件不同而引起的误差。识别这类误差往往较困难而且费时。采用标准方法与标准样品进行对照试验、校正仪器，采用纯度高的试剂、校正试剂，提高人员业务水平可减少操作误差。
（2）偶然误差
随机的、不可避免的，呈正态分布的误差称随机误差，其因人们的感官分辨能力的差别与外界环境的干扰而造成。是由某些难以控制，无法避免的偶然因素造成的，其大小与正负都是不固定的。如判断滴定终点的变化、移液管的使用，操作中温度、湿度、灰尘等的影响都会引起分析数值的波动。这种类型的误差出现正负误差的可能性是相同的，很难免的，但它们通常很小。减少偶然误差应重复多次平行实验并取平均值。
（3）过失误差
是指由于在操作中犯了某种不应犯的错误而引起的误差，如加错试剂、记错数据、溅出滴定液体等错误操作，这种误差是操作人员的粗心大意或未按操作规程做引起的，完全可以避免。在数据分析中过程中对出现的个别离群数据，若查明是过失误差引起的，应弃去此数据，分析人员应加强工作的责任心，严格遵守操作规程，做好原始记录，反复核对就能避免这类误差发生。

2.误差的评估

（1）平均值
对每一个待测物理量，可以假设其存在一个真实值。假设在有随机误差，而完全没有系统误差的情况下，其中一个物理量的测量次数一直增加，随机误差的影响会使测量值大于真实值和小于真实值的概率分布一样：则所有测量值的平均值将随着测量次数的增加而越来越接近真值。当测量次数等于无穷多次时，测量值的平均值就等于真实值。根据统计理论，在一组 n 次测量的数据中，算术平均值最接近真实值，也被称为测量的最佳值。
设 $x_1, x_2, x_3, \cdots, x_n$ 是各次的测定值，测量次数是 n，则其算术平均值 $\bar{x}$。

$$\bar{x} = \frac{x_1 + x_2 + x_3 + \cdots + x_n}{n} = \frac{\sum x_i}{n}$$

（4-1）

式中：

$\bar{x}$——测量数据的平均值；

$x_1, x_2, x_3, \cdots, x_n$——各个测量值；

n——测定次数；

$\bar{x}$ 接近真实值。

（2）准确度

准确度是指试验测得值与真实值之间相符合的程度。准确度用绝对误差或相对误差表示。准确度反映了该测量方法存在的系统误差和随机误差的大小，决定分析结果的可靠性。准确度的高低常以误差的大小来衡量。绝对误差和相对误差表示：

绝对误差（E）：

$$E = x - x_T$$

（4-2）

式中：

x——测量值；

x_T——真实值。

绝对误差越小，测定结果越准确。但绝对误差不能反映误差在真实值中所占的比例。当被称量的量较大时，称量的准确程度比较高，因此用绝对误差在真实值中所占的百分比可以更确切地比较测定结果的准确度，即相对误差。相对误差是误差在真实值中所占百分比。

相对误差（Er）：

$$E_r = E / x_T = (x - x_T) / x_T \times 100\%$$

（4-3）

同样的绝对误差，当被测物的量较大时，相对误差就比较小，测定的准确度就比较高。因此用相对误差来表示各种情况下测定结果的准确度更为确切些。绝对误差和相对误差，都有正值和负值。正值表示实验结果偏高，负值表示实验结果偏低。食品分析方法的准确度，可以通过测定标准试样的误差来判断，也可以通过做回收试验计算回收率来判断。在回收实验中，加入已知量标准物质的样品，称为加标样品。未加标准物质的样品称为未知样品。在相同条件下，用同种方法对加标样品和未加标样品进行预处理和测定。按以下公式计算出加入标准物质的回收率。

回收率法即采用所选方法将分析样品分别在添加标准物前后进行分析，从而计算出该分析方法的准确度。

$$P = \frac{A_1 - A_0}{m} \times 100\%$$

（4-4）

式中：

A_1——在样品中加入标准物质的测定值；

A_0——在样品中未加标准物质的测定值；

m——表示加入标准物质的量。

用回收率法测定准确度时应注意以下几方面：

①样品中待测物质的浓度与加入标准物质的浓度对回收率的影响，通常标准物质的加入量为待测物质浓度的 1 ~ 3 倍为宜，加入标准物质后，该物质的总浓度不能超过所选方法检测线性范围上限的 90%；若待测物质的浓度小于检测下限，可按测定下限添加标准物质。

②样品中某些干扰物质对待测物的检测产生干扰。

③加入的标准物质与待测样品中该物质的形态不一致，即使形态一致，标准物质与样品中其他组分间的关系也未必相同，所以用回收法评价某测定方法的准确度未必可靠。

（3）精密度

精密度是指在相同条件下，对同一试样进行几次测定（平行测定）所得值互相符合的程度，通常用偏差的大小表示。

在食品分析中，一般来说人们并不知道待测样品的真实值，因此无法用绝对误差来衡量结果的好与坏，但可以用偏差来衡量结果的好与坏。偏差是指测定值 x_i 与测定的平均值 $\bar{x}$ 之差，它可以来衡量测定结果的精密度。精密度的高低可用绝对偏差、相对偏差、平均偏差、相对平均偏差、标准偏差、相对标准偏差来衡量。

①绝对偏差，是指测量值与平均值之差。绝对偏差越小，说明精密度越高，以 $\bar{x}$ 表示一组平行测定的平均值，则单个测量值 x_i 的绝对偏差 d 为：

$$d = x_i - \bar{x}$$

（4-5）

②相对偏差，指某一次测量的绝对偏差占平均值的百分比。相对偏差只能用来衡量单项测定结果对平均值的偏离程度。

$$D = \frac{\bar{d}}{\bar{x}} \times 100\% = \frac{\sum |x_i - \bar{x}|}{n\bar{x}} \times 100\%$$

（4-6）

③平均偏差，d 值有正负之分，那么各个偏差的绝对值称为平均偏差。

$$\bar{d} = \frac{\sum |x_i - \bar{x}|}{n}$$

（4-7）

④相对平均偏差，是指平均偏差在平均值中所占的百分率。

$$D = \frac{d}{\bar{x}} \times 100\% = \frac{x_i - \bar{x}}{\bar{x}} \times 100\%$$

（4-8）

⑤标准偏差，一种量度数据分布的分散程度之标准，用以衡量数据值偏离算术平均值的程度。标准偏差越小，这些值偏离平均值就越少，反之亦然。标准偏差的大小可通过标准偏差与平均值的倍率关系来衡量。

$$s_x = \sqrt{\frac{\sum\limits_{n}^{i=1}(x_i - \bar{x})^2}{n-1}}$$

（4-9）

⑥相对标准偏差，标准偏差与计算结果算术平均值的比值。该值通常用来表示分析测试结果的精密度。

$$CV = \frac{s_x}{\bar{x}} \times 100\%$$

（4-10）

（4）精密度与准确度的关系

精密度是保证准确度的先决条件，只有精密度好，才能得到好的准确度。若精密度差，所测得结果不可靠，就失去了衡量准确度的前提。提高精密度不一定能保证高的准确度，有时还须进行系统误差的校正，才能得到高的准确度。

3. 误差控制

误差的大小，直接关系到分析结果的准确性与精密度。误差虽然不能完全消除，但是通过选择适当的方法，采取必要的措施可以降低和减少误差的出现，分析结果达到相应的准确度。那么在分析实验中应注意以下几方面：

（1）选择合适的分析方法

食品分析的方法很多，有质量分析、容量分析、仪器分析等。分析方法不同而其灵敏度和准确度不同，因此在选择分析方法时，根据样品的特性、方法的特点和适宜范围、分析结果的要求、被测组分的含量等选择最佳的方法。

（2）对各种仪器、器具、试剂进行校正或标定

仪器、器具等定期到计量部门进行校正鉴定。标准溶液按要求进行标定。

（3）正确选择样品的量

样品中待测成分的含量多少，决定了测定时所取样品的量。取样量的多少会影响分析结果的准确度，也受测定方法灵敏度的影响。例如比色分析中，样品中某待测组分与吸光度在某一范围内呈直线关系。所以只有正确选取样品的量，待测组分含量在此直线关系范

围内，并在仪器读数较灵敏的范围内。

（4）增加测定次数

取同一试样几份，在相同的操作条件下对它们进行分析，叫作平行测定。对同一试样，一般要求平行测定 2 ~ 4 份，以获得较准确的结果。

（5）做空白、对照实验

不加试样，但用与有试样时同样的操作方法进行的试验，叫作空白实验，所得结果称为空白值。从试样的测定值扣除空白值，就能得到更准确的结果。对照实验是将已知准确含量的标准样，按照待测试样同样的方法进行分析，所得测定值与标准值比较，得到分析误差。实验室用水、化学试剂、玻璃仪器、分析仪器、实验室环境条件以及分析人员都会影响空白实验的检测结果，所以空白实验检测值的大小与重复性在很大程度上反映了实验条件好坏与分析人员的水平，在分析检测前，每天测定两个空白实验平行样，重复 5 天，如果检出限高于标准分析方法中的规定值，就应重新测，直至合格为止。

（6）做回收实验

样品中加入标准物质，测定其回收率，可以检验方法的准确程度和样品所引起的干扰误差并可以同时求出精确度，

在某样品中加入一定量的待测标准物，成为加标样品。将加标样品与同一未加标样品独立分析 20 次，加标样品的检测值按随机次序与未加标准物的样品检测值求差，得回收率，用百分数回收率计算回收率的平均值和标准差，则回收率的控制上、下限与警告上、下限按下式计算：

回收率的控制上限 = $\bar{p}+3s$

回收率的控制下限 = $\bar{p}-3s$

回收率的警告上限 = $\bar{p}+2s$

回收率的警告下限 = $\bar{p}-2s$

（4-11）

式中：

$\bar{p}$——表示多次检测的平均回收率；

s——多次检测回收率百分数的标准差。

以回收率为纵坐标，检测次数为横坐标，过平均回收率点作平行于 x 轴的平行线，为回收率控制图的中心线，然后再分别过回收率的控制上、下限与警告上、下限作平行于 x 轴的平行线，分别为控制上、下线与警告上、下线。该图为回收率控制图。

进行样品分析时，同时分析某一待测样品的加标样品，计算回收率，将回收率值点在回收率控制图上，若该点在回收率控制图的上、下线内，则表明分析条件正常，分析过程处于正常控制之下，样品的分析结果可靠；反之，说明本次分析结果有异常，未知分析样品的结果也不可靠，应分析原因，重新对该批样品进行检测，同时分析加标样品，直至加标样品的回收率点落在回收率控制图的控制上、下范围内。

（7）标准曲线的回归

标准曲线常用于确定未知浓度，其基本原理是测量值与标准浓度成比例。在用比色、荧光、分光光度计时，常常需要制备一套标准物质系列，其标准曲线基本上是一条平滑直线，其标准曲线表示如下：

$$y = kx + b$$

$$k = \frac{\sum\limits_{n}^{i=1} x_i y_i - \frac{1}{n}\sum\limits_{n}^{i=1} x_i \sum\limits_{n}^{i=1} y_i}{\sum\limits_{n}^{i=1} x_i^2 - \frac{1}{n}\left(\sum\limits_{n}^{i=1} x_i\right)^2}$$ （4-12）

式中：

x_i——自变量（比色法测定时，x_i 为不同浓度的溶液对应的吸光度值）；

y_i——表示不同被测物质的浓度。

n——测定次数。

标准曲线的相关性检验

$$\gamma = \frac{\sum\limits_{n}^{i=1}(x_i - \bar{x})(y_i - \bar{y})}{\sqrt{\sum\limits_{n}^{i=1}(x_i - \bar{x})^2 \sum\limits_{n}^{i=1}(y_i - \bar{y})^2}} = \frac{\sum\limits_{n}^{i=1} x_i y_i - \frac{1}{n}\sum\limits_{n}^{i=1} x_i \sum\limits_{n}^{i=1} y_i}{\sqrt{\left[\sum\limits_{n}^{i=1} x_i^2 - \frac{1}{n}\left(\sum\limits_{n}^{i=1} x_i\right)^2\right] \times \left[\sum\limits_{n}^{i=1} y_i^2 - \frac{1}{n}\left(\sum\limits_{n}^{i=1} y_i\right)^2\right]}}$$

$$\gamma_\alpha = \sqrt{\frac{t_\alpha^2}{\gamma + t_\alpha^2}}$$ （4-13）

式中：

α——显著水准（a=0.05 或 a=0.09）；

γ——自由度；

t_α——自由度为 γ、α =0.05 或 α =0.09 时的 t 值。

若 $|r| \geqslant r$，则回归的标准曲线的相关性显著；若 $|r| < r$，则回归的标准曲线的相关性不显著，应分析原因，重新测定标准曲线，直至标准曲线的相关性检验达到显著为止。

二、食品分析结果数据处理

食品分析结果的表示就是把被测组分含量报告出来，测出来的实验数据，无论是平均值、标准偏差或其他数据，力求报告一个有意义结果。下面将具体介绍如何评价实验值以获得精确的报告结果。

（一）有效数字及运算规则

在分析工作中，实际能测量到的数字称为有效数字。实际能测量到的数字，包括全部准确数字和一位不确定的可疑数字。保留位数与测量方法及仪器的准确度有关。

l. 有效数字修约规则

用"四舍六入五保双"规则取舍多余的数字。具体运用如下：

若被舍弃的第一位大于 5，则其前一位数字加 1。如 18.2645，取三位有效数字，位 18.3；若被舍弃的第一位小于 5，则舍弃。18.2445，取三位有效数字，位 18.2。

若被舍弃的第一位数等于 5，而其后数字全部是 0，则视被保留的末位数字为奇数还是偶数，末位是奇数加 1，末位为偶数舍弃。如 18.250、18.350、18.050 取三位有效数，分别是 18.2、18.4、18.0。

若被舍弃的第一位数字是 5，而其后的数字不全是 0，无论前面是奇还是偶，皆进 1。如 18.2501，取三位有效数字，18.3。

若被舍弃的数字包括几位数字时，不得对该数进行连续修约。

2. 有效数字运算规则

（1）在加减法的运算中，以绝对误差最大的数为准来确定有效数字的位数。例如，求"0.0121+25.64+1.05782=？"三个数据中，25.64 中的 4 有 0.01 的误差，绝对误差以它为最大，因此所有数据只能保留至小数点后第二位，得到：0.01+25.64+1.06=26.71。

（2）乘除法的运算中，以有效数字位数最少的数，即相对误差最大的数为准，确定有效数字位数。例如，求"0.0121×25.64×1.05782=？"，其中，以 0.0121 的有效数字位数最少，EP 相对误差最大，因此所有的数据只能保留三位有效数字，得到：0.0121×25.6×1.06=0.328。

（3）对数的有效数字位数取决于尾数部分的位数，例如，lg=10.34，为两位有效数字，pH 值 =2.08，也是两位有效数字。

（4）计算式中的系数（倍数或分数）或常数（如 e 等）的有效数字位数，可以认为是无限制的。

（5）如果要改换单位，则要注意不能改变有效数字的位数。例如，"5.6g"只有两位有效数字，若改用 mg 表示，正确表示应为"$5.6 \times 10^3 mg$"。若写为"5600 mg"，则有四位有效数字，就不合理了。

分析结果通常以平均值来表示。在实际测定中，对质量分数大于 10% 的分析结果，一般要求有四位有效数字；对质量分数为 1% ～ 10% 的分析结果，则一般要求有 3 位有效数字；对质量分数小于 1% 的微量组分，一般只要求有两位有效数字。有关化学平衡的计算中，一般保留 2 ～ 3 位有效数字，pH 值的有效数字一般保留 1 ～ 2 位。有关误差的计算，一般也只保留 1 ～ 2 位有效数字，通常要使其值变得更大一些，即只进不舍。

（二）置信度及置信区间

置信度也称为可靠度，或置信水平、置信系数，即在抽样对总体参数做出估计时，由于样本的随机性，其结论总是不确定的。因此，采用一种概率的陈述方法，也就是数理统计中的区间估计法，即估计值与总体参数在一定允许的误差范围以内，其相应的概率有多大，这个相应的概率称作置信度。用符号 α 表示。置信区间是对这个样本的某个总体参数的区间估计。置信区间展现的是这个参数的真实值有一定概率落在测量结果的周围的程度。置信区间给出的是被测量参数的测量值的可信程度。

在多次测定中，当测定值 x 分布在 $\bar{x}$ 的两侧，如以测量值的大小为横坐标，以其相应的重现次数为纵坐标作图，可得到一个正态分布的曲线图，如图 4-5。

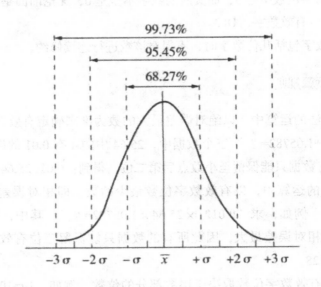

图 4-5　具有各种大小误差的测定值出现的概率的分布曲线

曲线与横坐标从 $-\infty \sim +\infty$ 所包围的面积，代表了具有各种大小误差的测定值出现的概率的总和，设为 100%。由概率统计计算可知：测定值在 $\bar{x} \pm \sigma$ 区间占 68.27%，测定值在 $\bar{x} \pm 2\sigma$ 区间占 95.45%，测定值在 $\bar{x} \pm 3\sigma$ 区间占 99.73%，由此可见，测定值偏离平均值 $\bar{x}$ 越大的，出现的概率越小，这个概率就是置信度。而测定值所处的区间就是置信区间。

在消除系统误差的前提下，对有限次数的测定，总体平均值 $\bar{x}$ 的置信区间为：

$$\mu = \bar{x} \pm \frac{ts}{\sqrt{n}}$$

（4-14）

式中：

μ——总体平均值（相当于真实值）；

$\bar{x}$——已消除系统误差的有限次数测定值的平均值；

s——标准偏差；

n——测定次数；

t——校正系数，其数值随置信度和测定次数而定。见表4-2。

表4-2　不同程度测定次数和置信度的 t 值

测定次数 n	置信度				
	50%	90%	95%	99%	99.5%
	t 值				
2	1.000	6.314	12.706	63.657	127.32
3	0.816	2.920	4.303	9.925	14.089
4	0.765	2.353	3.182	5.841	7.453
5	0.741	2.132	2.776	4.604	5.598
6	0.727	2.015	2.571	4.023	4.773
7	0.718	1.943	2.447	3.707	4.317
8	0.711	1.895	2.365	3.500	4.029
9	0.706	1.860	2.306	3.355	3.832
10	0.703	1.833	2.262	3.250	3.690
11	0.700	1.812	2.228	3.169	3.581
12	0.687	1.725	2.086	2.845	3.153
∞	0.647	1.645	1.960	2.5762	2.807

（三）可疑数据的取舍

在分析工作中，往往需要进行多次重复测定，求出平均值，然而并非所有数据都取平均，有个别数值与其他数相差较大，这种数值称为可疑值。这种值应谨慎处理，可疑值的舍弃或保留直接影响分析结果及其准确性。如果可疑值是由于分析测定过程中的失误引起就舍弃，如找不出可疑值的原因，不能随便保留或舍去，通常采用统计学的方法，最常用

的有 $4\bar{d}$ 检验法、Q 值检验法和格鲁布斯检验法。

1. $4\bar{d}$ 检验法

$4\bar{d}$ 检验法也称"4 乘平均偏差法"，先求出除了异常值以外，其余数的平均值和平均偏差，然后异常值和平均值进行比较，如果绝对值大于 $4\bar{d}$，则可以将数据舍弃，否则应保留。

设 $x_1, x_2, x_3, \cdots, x_i$ 为一组平行的测量数值（$4 \leqslant i \leqslant 8$），假设 x_1 为可疑值，除去 x_1，求出 x_2，$x_3, \cdots, x_i$ 的平均值 $\bar{x}$ 和平均偏差 $\bar{d}$。

$$\bar{x} = \frac{\sum\limits_{n}^{i=2} x_i}{i-1} \quad (4 \leqslant i \leqslant 8)$$

（4-15）

$$\bar{d} = \frac{\sum\limits_{n}^{i=2} |x_i - \bar{x}|}{n-1} \quad (4 \leqslant i \leqslant 8)$$

（4-16）

若 $|x_i - \bar{x}| \geqslant 4\bar{d}$，则舍去 x_1，否则保留 x_1。

这种方法计算简单，不必查表，但数据统计不够严密，常用于处理一些要求不高的分析数据。

2.Q 值检验法

Q 值检验适用于 3 ~ 10 次平行测定，且只有一个结果是可疑值取舍。检验步骤如下：

（1）平行测定的一组数据由小到大的排列顺序为 $x_1, x_2, x_3, \cdots, x_n$。

（2）计算出最大值与最小值之差，其极差为 $R = x_n - x_1$。

（3）计算可疑值与邻近值之差为 $x_2 - x_1$ 或 $x_n - x_{n-1}$。

（4）计算舍弃商。

$$Q_{计} = \frac{x_{可} - x_{邻}}{x_n - x_1}$$

（5）根据测定次数 n 和要求置信度 p，查 Q 值，见表 4-3，得 Q。

表4-3　不同置信度下舍弃可疑数据的 Q 值

测定次数 n	置信度		
	90%（Q0.90）	90%（Q0.90）	90%（Q0.90）
3	0.94	0.98	0.99
4	0.76	0.85	0.93
5	0.64	0.73	0.82
6	0.56	0.64	0.74
7	0.51	0.59	0.68
8	0.47	0.54	0.63
9	0.44	0.51	0.60
10	0.41	0.48	0.57

（6）比较 Q 表与 Q 计：若 Q 计 > Q 表，可疑值应该舍去；若 Q 计 < Q 表，可疑值应该保留。

Q 检验法符合数理统计原理，比较严谨、简便，置信度可达 90% 以上，适用于测定次数在 3 次 ~ 10 次的数据处理。

3. 格鲁布斯检验法"

当一组平行测定数据中可疑值不止一个时，用前两种方法不能做出其取舍的判断。这种情况下，用格鲁布斯法。

将一组平行测定的数据由小到大的排列顺序为 $x_1, x_2, x_3, \cdots, x_n$，可疑值为 x_1，与 x_n，求出平均值 x 与标准偏差 S：

$$\overline{x} = \frac{\sum\limits_{n}^{i=1} x_i}{n}$$

$$S = \sqrt{\frac{\sum\limits_{n}^{i=1}\left(x_i - \overline{x}\right)^2}{n-1}} \tag{4-17}$$

$$\tag{4-18}$$

若 x_1 为可疑值，令 $G = \dfrac{\overline{x} - x_1}{S}$，若 x_n 为可疑值，令 $G = \dfrac{\overline{x} - x_n}{S}$。若计算出的 G 值大于或等于查表 4-4 所得的 G 值，则舍去可疑值，否则应保留该可疑值。

表 4-4　格鲁布检验法的 G 值表

测定次数 n	置信度		测定次数 n	置信度	
	95%	99%		95%	99%
	G 值			G 值	
3	1.15	1.15	14	2.37	2.66
4	1.46	1.49	15	2.41	2.71
5	1.67	1.75	16	2.44	2.75
6	1.82	1.94	17	2.47	2.79
7	1.94	2.10	18	2.50	2.82
8	2.03	2.22	19	2.53	2.85
9	2.11	2.32	20	2.56	2.88
10	2.18	2.41	21	2.58	2.91
11	2.23	2.48	22	2.60	2.94
12	2.29	2.55	23	2.62	2.96
13	2.33	2.61	24	2.64	2.99

如果可疑数据有两个或两个以上，而且都在同一侧，如 x_1 和 x_2 都是可疑值，应先检验最内侧的数据，即先检验 x_2 是否能舍。经检验 x_2 应该被舍去，则 x_1 自然应该被舍去。检验 x_2 时，测定次数应为 n-1。

如果可疑值为 x_1 和 x_n，则应分别进行检验。若其中的一个可疑值经检验被舍去，再检验另一个可疑值时，测定次数为 n-1。而且选择 99% 的置信度。该法较为麻烦，但准确性较高。

第五章　食品质量检验

第一节　质量检验概述

一、质量检验的定义与要求

（一）质量检验的定义

质量检验是进行质量合格与否判断的主要依据，它是对产品的质量特性采取一定的检验方法和手段进行测定，比较测量结果与质量标准，来判断产品的合格率。质量检验是食品生产厂商质量保证体系的主要内容，也是质量管理的主要组成部分，对保证和提高食品质量具有重要意义。

（二）质量检验的要求

①每种产品都有其对应的质量特殊性要求，这些要求是政府法律、法规的强制性规定，为了满足顾客要求或预期的使用要求，要从安全性、技术性、互换性、人身安全、环境污染、对人体健康的影响等多方面都要符合相应的要求，产品的质量要求，因产品类型的不同而存在差异。同种产品用途不同，质量要求也不同。

②产品的质量特性是要以具体的技术要求形式来呈现的，国家标准、企业标准、行业标准、产品的设计图样、检验规程和作业文件中都明文规定了产品质量的技术要求，这是产品质量检验技术的主要依据，也是检验是否符合标准的主要对比基础。每项检验结果是否符合检验标准和文件的要求都是通过一一对比来确定的。

③产品的原料和构成产品的各部分的质量共同决定产品的质量特性。产品质量特性是在产品生产过程中形成的，产品生产者的水平、专业技能、设备能力和环境条件共同影响其质量优劣。为了保证产品质量特性需要对产品生产者进行技能培训，对设备性能进行定期检查，加强环境监控，对生产工艺流程有一个明确的规定，对车间进行监控，进行产品质量检验，以保证产品质量的良好。

④质量检验是通过物理的、化学的和其他科学技术手段和方法，对产品的一个或多个质量特性进行观察、试验、测量，得到产品质量的真实客观数据。在数据得到过程中借助

了各类检验器具、实验设备和仪表。我们要对上述借助工具进行有效控制和保存，以保证其准确度和精密度。

⑤将新的单件或批量产品的质量检验结果与产品技术标准、过程文件、相关产品图样和检验规程的规定进行对比，来检查每项质量特性是否达到规定要求。

二、质量检验的形式与职能

（一）质量检验的形式

1. 查验原始质量凭证

在所供货物质量稳定、供货方有充分信誉的条件下，检查质量说明书、检验（检测）报告、合格证等原始质量凭证，来确定产品的质量状况。

2. 实物检验

对食品的安全性有决定性影响的质量指标必须进行实物质量检验。实物检验是通过委托外部检验单位或者本单位的专职检验人员来进行实物质量检验的过程，这一过程也是依据规定的程度和要求进行的规范操作。

3. 派员进厂验收

采购方派员到供货方对其产品、产品的生产过程和质量控制进行现场查验，认定供货方产品生产过程质量受控、产品合格，给予认可接收。

（二）质量检验的职能

质量检验的职能就是严格把关、反馈数据，预防、监督和保证出厂产品的质量，促使产品质量的提高。具体可分为以下三项职能：

1. 保证职能

职能把关。将检验出的不合格的原料剔除在投料工序阶段，不合格半成品不转入下道工序，不合格成品不出厂，严格把关，保证质量，维护声誉。

2. 预防职能

在质量检验的过程中，收集和积累反映质量状况的数据和资料，从中发现规律性、倾向性的问题和异常现象，为质量控制提供依据，以便及时采取措施，防止同类问题再发生。

3. 报告职能

通过对检验结果的记录和分析，从而对产品质量状况做出评价，将报告呈递给上级或者有关部门，为管理技术的加强、设备的改进和产品质量的提高提供了必要依据。

三、质量检验组织与计划

（一）质量检验组织

为使质量检验工作顺利进行，食品企业首先要建立专职质量检验部门并配备具有相应专业知识的检验人员。

1.组织机构

我国企业的机构设置中，一般都设有检验部门，由总检验师领导，各检验员共同承担检验工作。质量检验部门的组织结构要根据企业的具体情况来定。一般按生产流程可分为进货检验、工序检验、成品检验等。在这个检验流程上可设立检验站（科）、计量站等，如图 5-1 所示。

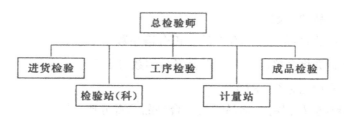

图 5-1　检验部门的组织结构形式

2.质量和安全检验计划

质量和安全检验计划是用来准确、有序、协调地指导检验工作，对检验活动、资源、过程做出的书面文件规定。

检验计划是企业计划的一个重要组成部分，是生产企业所规定的对检验工作的总体安排和系统规划。这些安排和规划将检验点的设备、资源配置和环境要求等以图片和文字的形式做出明确规定。

3.检验人员工作质量的指标

（1）检验准确性百分率

其计算式为：

$$检验准确性百分率 = \frac{d-k}{d-k+b} \times 100\%$$

式中：

d——检验员检出的不合格品数；

k——为复核检验时从不合格品中检出的合格品数；

b——为复核检验时从合格品中检出的不合格品数。

由此可见，d-k 是检验员所发现的真正不合格品数，d-k+b 是产品中实际存在的真正不合格品数。

（2）错检百分率

若复核检验时从合格品中检不出不合格品，即 b=0，那么上式中无论 k 值为多大，检验准确性始终为 100%。上述公式不一定适用于所有产品的检验，可通过错检百分率来对其进行补充：

$$错检百分率 = \frac{k}{n-d-b+k} \times 100\%$$

式中：

n——检验产品的件数；

$n-d-b+k$——为产品中实际存在的真正合格品数；

k——为检验员将合格品误判为不合格品的数目。

（3）错检率（误废率，P1）

错检率是指检验员误将合格品判为不合格品的百分比，即

$$P_1 = \frac{k}{d} \times 100\%$$

（4）漏检率（误收率，P2）

漏检率是指检验员将不合格品判为合格品的百分比，即

$$P_2 = \frac{b}{n} \times 100\%$$

（二）质量检验计划

I. 质量检验设计的编制

（1）编制质量检验计划的目的

质量检验计划的编制可以方便外聘检验单位的检验人员熟悉和掌握分散在各个生产单位待检产品的基本情况和检验工作的基本要求，可指导他们的工作，更好地保证检验的质

量。此外，还可保证企业的检验活动和生产作业活动密切协调和紧密衔接。

（2）质量检验计划的作用

①依据产品的加工及物流的流程，为了降低成本，节省质量成本中的检验费用，对企业现有的资源进行充分利用，并对检验点的检验设备进行统筹安排。

②为了降低物资和劳动消耗，调动检验人员工作的积极性，采取根据产品和工艺要求来选取合理的检验项目和检验方法的检验方案，这样还有利于提高质量检验工作的工作效应。

③以保证产品质量为前提，尽可能地降低产品成本。对不合格的产品进行等级分类，并依据相应标准进行管理，将有利于检验职能有效性的发挥。

④为了使产品的质量在受控状态内，需要实现检验工作的标准化、格式化、科学化。

（3）编制检验计划的原则

①检验计划的目的得以体现。检验计划的目的是及时发现不合格品制止生产，保证产品质量符合规定要求。

②指导检验活动。检验计划是清晰、准确、简明地描述和规定检验项目、检验方式和检验手段等具体活动的，这样还有助于检验人员对检验内容的理解。

③优先保证关键质量。产品关键的质量性是产品的关键质量，这是产品生产中必须优先考虑和保证的。

④在采购合同的附件中对进货检验做出说明。若产品是由外部供应商所提供的，必须将检验计划在合同上进行详细说明，这需双方共同评审确定。

⑤检验成本的综合考虑。在制订检验计划时，在保证产品质量的前提下，要综合考虑产品质量的检验成本，要尽可能地降低检验费用。

（4）质量检验计划的内容

①质量检验流程图的编制，检验点的合理设置，检验程序要适合产品的生产特点。

②编制检验指导书（检验规程、细则或检验卡片）。

③编制检验手册。

2. 编制检验流程图及其说明

检验流程图是表明从原料或半成品投入到最终生产出成品的整个过程中，安排各项检验工作的一种图表。它是正确指导检验活动的重要依据。检验流程图一般包括检验点的设置、检验项目和检验方法等内容，可结合产品工艺流程图进行绘制。

（1）设置检验点

在设计检验点时要综合考虑必要性、合理性和可行性，统一安排。

（2）检验项目

确定检验项目需要综合考虑产品技术标准、产品要求和技术特性。企业所执行的标准有验收标准和内控标准。按重要程度质量特性可分为关键质量特性（A）、重要质量特性（B）和一般质量特性（C）。

（3）检验方法

在进行检验流程图的设计时要详细规定各检验点所采取的检验方法和进行的检验项目，是采取何种检验方式，如感官检验还是理化检验，采用全数检验还是按某种方式进行抽样检验，采用自检还是专检等。

3. 编制检验指导书

检验指导书即检验规程或检验卡片，是指导检验人员开展检验工作的文件。检验指导书是根据产品生产中的主要过程、关键环节和产品所编制的。检验指导书的形式、简繁程度是依据检验的类型和所检验产品的质量属性来确定的，但其基本内容都是相似的，包括所检物品的质量特性、检验对象在检验流程上的位置、检验人员的资格要求、检验方法、设备功能要求和操作规范等；接受准则；应做的记录和报告要求。

4. 检验手册

检验手册是质量检验工作的指导性文件，其中有质量检验活动的管理规定和技术规范，是质量体系文件的组成部分，有助于试点质量体系业务活动的科学化、规范化、标准化，能加强企业生产的检验工作，对质量检验人员和管理人员的工作有一定的指导意义。

程序性检验手册和技术性检验两方面的内容共同构成了检验手册的内容。以下是程序检验手册的具体内容：

①质量检验机构和体系。

②质量检验的工作制度和管理制度。

③进货检验程序。

④过程检验程序。

⑤成品检验程序。

⑥计量控制程序。

⑦不合格产品审核和鉴别程序。

⑧检验有关的原始记录表格格式、样式及必要的文字说明。

⑨检验结果和质量状况反馈及纠正程序。

⑩检验标志的发放和控制程序。

产品不同、生产工序不同，技术性检验手册也不同。但它们都含有以下内容：

①不合格产品严重性分级的原则和规定。

②各种材料规格及其主要性能及标准。

③抽样检验的原则和抽样方案的规定。

④产品样品、图片等与产品规格、性能相关的资料文件。

⑤工序规范、控制、质量标准。

⑥试验规范及标准。

⑦索引、术语等。

四、食品质量检验标准

食品质量检验就是依据一系列不同的标准，对食品质量进行检验、评价。食品质量检验标准是食品生产、检验和评定质量的技术依据。所谓食品质量标准是规定食品质量特性应达到的技术要求。食品质量检验标准的主要内容有：食品卫生标准、食品产品标准和食品其他标准。

（一）食品卫生标准

食品卫生标准主要包括感官指标、理化指标和微生物指标三部分。感官指标主要对食品的色泽、气味或滋味、组织状态等感官性状做了规定；理化指标对食品中可能对人体造成危害的金属离子（如铅、铜、汞等）、可能存在的农药残留、有害物质（如黄曲霉素数量）及放射性物质等做了明确的量化规定；微生物指标主要包括菌落数、大肠菌群和致病菌三部分，对有些食品还规定了霉菌指标。

（二）食品产品标准

产品标准是指对产品结构、规格、质量和检验方法所做的技术规定。它是产品生产、质量检验、选购验收、使用维护和洽谈贸易的技术依据。企业标准、地方标准、行业标准、国家标准共同构成了食品产品标准。

（三）食品其他标准

食品标准除卫生标准和产品标准外，还有食品工业基础（食品的名词术语、图形代号、产品的分类等）及相关标准、食品添加剂标准、食品检验方法标准、食品包装材料及容器标准等。

第二节　抽样检验

抽样检验就是按照规定的抽样方案，随机地从一批或一个过程中抽取少量个体（构成一个样本）进行的检验。

一、抽样检验的基本术语

抽样检验中的基本术语有以下几个：

（一）单位产品

就是组成产品总体的基本单位，如一瓶奶粉、一个月饼等，又称为检验单位。

（二）生产批

在一定条件下生产出来的一定数量的单位产品所构成的总体称为生产批，简称批。

（三）检验批

为判定质量而检验的且在同一条件下生产出来的一批单位产品称为检验批，又称为交验批、受验批，有时混称为生产批，简称批。批的形式有稳定批和流动批两种。前者是将整批产品贮放在一起，同时提交检验；后者的单位产品不需预先形成批，而是逐个从检验点通过，由检验员直接进行检验。一般说来，成品检验采用稳定批的形式，工序检验采用流动批的形式。

（四）批量

批中所含单位产品个数，记作 N。

（五）生产者与购进者

检验活动中，生产或提供产品做检验的任何个人、部门或企业称为供应者或生产者；

接受产品的一方称为购进者或消费者，它可以直接是用户，也可以是其他生产者。

二、抽样检验的分类

（一）按产品特性值分

按产品特性值可分为计量型抽样检验和计数型抽样检验两类。

l.计量型抽样检验

它是用来判定批的质量方案，是通过对样品中每个单位产品质量特性的检验来计算样品的平均质量特性的。计量检验适合质量不易过关、检验费用极大的检验项目和须做破坏性检验的希望减小检验量的产品。

2.计数型抽样检验

计数抽样检验方案是不管样品各单位产品的质量特性，只考虑样品中的不合格数和缺陷数，在检验产品质量时所用的技术方法。对食品的成批成品抽样检验，常常采用计数检验方法。

（二）按抽取样本的次数分

一次抽样、二次抽样、多次抽样以及序贯抽样等都是按抽取样本的次数进行的分类。一次抽样是本书介绍的重点内容。

一次抽样检验是根据一个检验批中一个样组的检验结果来判定该批是接收还是拒收的，一次抽样检验方案由 N、n、Ac、Re 四个数决定，其中 N 是批量，n 是抽出的样本量，Ac 是合格判定数，Re 是不合格判定数。一次抽样检验中，Ac+l=Re。

一次抽样检验的操作过程如图 5-2 所示。一次抽样检验具有抽样数是常数，设计方案容易、管理和培训容易，能最大限度地利用有关批质量的信息的特点。但其抽样量比其他类型的大，特别是当批不合格率 Re 值极小或极大时，更为突出；在心理上，仅依据一次抽验结果就做判定缺乏安全感。

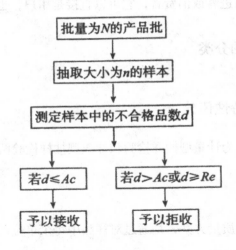

图 5-2 一次抽样检验示意图

三、抽样检验方案与特性曲线

（一）抽样检验方案

抽样检验时，检验量少、费用低、所需检验人员少、管理集中，有利于将精力集中在关键质量的把控上，适合有破坏性的产品质量检验，有可能会成批拒收供货商所提供的产品，具有刺激供货商加强质量管理的作用。抽样检验合格的产品中会混有不合格产品，错判风险也存在于抽验中，但是可以根据需要来控制错判风险，计划工作和编制工作量也因抽样前要设计抽样方案而增大。

具体采用哪种检验方法可根据检验方法的经济性分析来确定。设每个产品的检验费用为 a 元，而每个不合格品出厂后造成的损失费为 b 元，在厂内的损失费为 c 元，且 b > c，因为 b 中包含了 c，N 为批量大小，n 为样组大小，p 为批不合格品率，则全数检验总成本为 aN+Npc（元），抽样检验总成本为 an+（N-n）pb+npc（元）。当这两种成本相等时，相应的不合格品率为 pb，则有：

$$aN + Np_bc = an + (N-n)p_bb + np_bc$$

$$p_b = \frac{(N-n)a}{(N-n)(b-c)} = \frac{a}{(b-c)}$$

如图 5-3 所示，当平均不合格品率 $\bar{p} < p_b$ 时，采用抽验的方法较为经济；而当 $\bar{p} > p_b$ 时，采用全检剔除不合格品所造成的经济损失较小。当然，在实际工作中所要考虑的因素还要复杂得多，采用损益平衡点的分析方法是一种简易的经济评定法。一般来说，若根据过去的记录可测知 $\bar{p} \ll p_b$，而且每批质量都很稳定，此时，只须检验少许即可，甚至还可免检；如果 $\bar{p} \gg p_b$，而且经常如此，则采用全检较为经济，如果 $\bar{p}$ 不在这种极端情况下，则以抽验为宜。

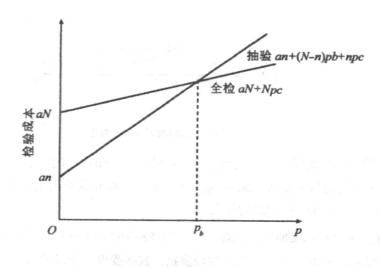

图 5-3　损益平衡点

（二）抽样检验特性曲线

检验特性曲线是表示交验批的不合格率与批接收概率的关系的曲线，也称为OC曲线。

图5-4中，$[0, p_0]$ 区域为合格区域，$p > p_0$ 区域为不合格区域。图5-5中为 $[0, p_0]$ 合格区域，(p_0, p_1) 为未定区域，$p > p_1$ 为不合格区域。

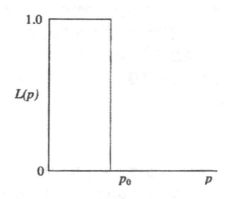

图 5-4　全数检验的 OC 曲线

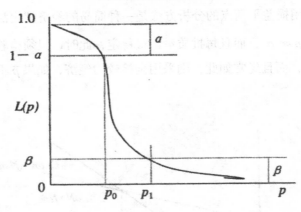

图5-5　抽样检验的 OC 曲线

全数检验的 OC 曲线，也称为理想的 OC 曲线。当 $p < p_0$ 时，$L(p) = 1$ ；当 $p > p_0$，$L(p) = 0$ 。这样的曲线只有在 100% 检验且不发生错检和漏检的情况下才能得到。

以下是抽样检验的 OC 曲线的特点：

①对 $p \leqslant p_0$ 的合格的交验批，例如，$L(p) \geqslant 0.88$ 高的接收概率予以接收。

②超过规定值 p_0 时，为质量变坏的校验批，其接受概率会迅速减小，到达某一概率时以高概率接收，这时的 $L(p_1)$ 在 0.1 左右。

③选择样品量要适中，这样有利于工作量的适当。

对一般的交验批，批量 N、样本量 n、接收数 Ac 三个参数共同确定一个抽样方案的 OC 曲线。N、n、Ac 不同，OC 曲线的形状就不同，其对批质量的判别能力也不一样。

四、抽样检验采样

采样是从被检验对象中抽取供检验用样品的过程，这个过程是有据可依的，在此过程中也借用了一定的仪器工具。样品采集是食品检验中一个极为重要的步骤。采集样品的方式跟样品的种类有关。采集样品时的总要求是所采集的样品具有代表性，即食物中的所有成分都能由样品代表。样品采集是必须看样品的代表性、均匀性，采集时还需要注意生产日期和批号，所采集样品必须满足试样量的需求，一般要求一式三份，分别供检验、复检及备查用，每份不少于 500 g。

（一）采样方案

依据采样数量和规格的不同，一般采取下述方法进行采样方案的确定。

①如植物油、鲜乳、酒或其他饮料，液体、半流体饮食品，用大桶或大罐盛装，应先行充分混匀后采样。将样品放在三个干净的不含待测物和干扰物的容器中。

②对固体和粮食等食物采样时，从每批样品的上、中、下三层的不同部位取样品混

合，按四分法对角线取样，多次取样后，取最具有代表性的样品。

③肉类、水产等食品采样时，需要对项目要求进行分析，不同部位的样品采样后分别采样。

④依据批号对罐头、瓶装食品等小包装食品，按批号随机取样。一般同一批号的取样数件，250 g 以下的包装要取 10 个以上，250 g 以上的包装取 6 个以上。

（二）采样方法

1.直接采样

单相液体和均匀粉末状食品，如瓶装饮料、奶粉等小包装食品有一定的均匀性，各包、各瓶相仿，因此按抽验方案随机取样就能代表这批食品。

2.四分法采样

采样时每次将样品混匀后，去掉 1/4，将剩下的 3/4 样品混匀后又去掉 1/4，这样反复进行，直到剩余量达到所需测定数量为止。这种方法比较适用于颗粒状和粉末状食品。

3.混匀采样

有些食品表面看似均匀，但实际未必，体积很大时尤其这样。如对未分装的液体和粉末状食品应先混匀后再行采样。

4.几何采样

当对所采食品的全部性质不了解时可采用这种方法。此法是把整个一堆食品看成一种有规则的几何体，取样时把这个几何体想象地分为若干体积相等的部分，从这些部分分别取得支样，再从混合的支样中取得样品。它只能适用于大堆食品的取样。

5.分级采样

如蔬菜、粮食、鱼、肉等，整仓、整车、整船的大量不均匀又不能搅拌的包装或散装食品，可以按采样方案先采得大样，再从已取样品中再次取样，这样得到了一连串逐渐减少了的制备样品，分别叫一级、二级、三级　　N级样品，检验用样品可从最末一级样品中制备。

6.分档采样

在食品品质相差很大、不宜混匀的情况下，可根据现场调查观察食品堆积形状大小和感官差异等进行分类分档，再从各档食品中分别采取若干样品送检。

7. 流动采样

流动采样是在食品生产或装卸过程中，根据抽验方案每隔一定时间取出适量的样品。取出样品可直接进行检验，也可混匀后从中再次取样后用于化学分析等用量少的检验项目。

（三）样品制备

样品制备的目的，在于保证样品的均匀性，在分析时取任何部分都能代表全部被测物质的成分，根据被测物的性质和检验要求，一般采用以下几种方法将样品混匀：①对液体、浆体、悬浮液体样品，用玻璃棒、电动搅拌器、电磁搅拌摇动或搅拌；②对固体样品，切细或搅碎；③也可采用研磨或用捣碎机混匀。对带核、带骨头的样品，在制备前应先去核、去骨、去皮，再用高速组织捣碎机进行样品的制备。

由于采样得到的样品数量不能全用于检验，必须再在样品中取少量样品进行检验。混匀的样品再进一步使用四分法制备。即将各个采集回来的样品进行充分混合均匀后，堆为一堆，从正中画"+"字，再将"+"字的对角两份分出来，混合均匀再从正中画一"+"字，这样直至达到所需要的数量为止即为检验样品。

（四）样品保存

采得样品后为了防止水分或其挥发性成分散失以及其他待测成分变化，应尽快进行检验，尽量减少保存时间。如不能立即分析则应妥善保存，以保持其原有形状和组成，把样品离开总体后的变化减少到最低限度。

在样品保存过程中应防止污染、防止腐败变质、稳定水分、固定待测成分。为此，必须做到：①使用工具和操作者的双手要清洁无菌；②温度在 0 ~ 5℃密封低温保存；③溶剂和稳定剂的加入量要适中。

（五）采集样品的注意事项

采集样品时应该注意做好以下几方面的工作：

①采样前应调查被检食品过去的状况，包括文字记录等，一般应有食品种类、批次、生产或贮运日期、数量、包装堆积形式、货主、来源、存放地、生产流通过程以及其他一切能揭示食品发生变化的材料。外地运入食品应审查该批食品所有证件，如货运单、质量检验证明书、兽医卫生证明、商品检验和卫生检验机关的检验报告等。采样完毕后应开具证明和收据交货主并注明样品名称、数量、采样时间和经手人等。

②样品封缄，采样最好应有两人在场共同封缄，以防在送样过程中偷换、增减、污染、稀释、消毒、溢漏、散失等，从而保证样品的真实性和可靠性。

③样品运送。采好样品应尽快送实验室或分析室检验。运送途中要防止样品挥发吸潮、氧化分解、漏溢散失、丢损、毁损和污染变质，以防样品在检验前发生变化。实验室接到样品后，应尽快检验，否则应妥善保存。

④样品保留。对重大事件所采集的样品、可能需要复验及再次证明的样品，应封存一部分并妥当保存一段时间。样品保留时间的长短，须视检验目的、食品种类和保存条件而定。

⑤采写记录的填写要认真。写明采样单位、地址、日期、样品批号、采样条件、包装情况、采样数量、检验项目及采样人。无采样记录的样品，不得接受检验。

第三节　食品感官检验

凭借人体的感官器官，如口、眼、鼻、手、舌，来对事物的质量做出客观评价的方法为食品感官鉴别。它是对食物的色、香、味和外形，通过眼睛的看、耳朵的听、鼻子的嗅、手的触摸、口的品尝等方式来综合性地进行鉴别和评价。

一、食品感官检验的原则

①《中华人民共和国产品质量法》《中华人民共和国食品安全法》，国务院有关部委和省、市、自治区行政部门颁布的食品质量法规和卫生法规是检验各类食品能否食用的主要依据。

②不得食用的物质包括：发霉、腐败，含有有毒有害物质、过食品保质期、食品的营养和风味要求达不到指定食品的假冒伪劣食品。

③因某些原因致使一些食品不能直接食用，必须经过加工或者其他条件处理后才能供食用。对这些食品可提出限定食用、限定加工的条件和销售等方面的具体要求。

④对那些病原体、新鲜度、有毒有害物质含量均符合卫生标准，但综合评价低于卫生标准的食品，可在提出的要求下供人食用。

⑤婴幼儿、病人食用食品的检查指标要比健康人、成年人的严格。

⑥检验后的食品必须有明确的检验结论，含附件条件的食品，应该写清条件。无检验参见指标的食品可借助于同类食品的检验指标，并结合食品的实际情况，客观、真实地提供检验结论。

⑦食品综合性检验前，因收集食品的来源、原料组成、贮存时间、保管方法，加工、包装、贮藏、运输、经营过程中的卫生状况等相关资料，找出不合实际的环节，为得出正确的检验结论提供理论支持。

二、食品感官检验的分类

（一）按检验与主观因素的关系分

感官检验按其所检验的质量特性是否受主观因素影响，可分为分析型感官检验和偏爱型感官检验两类。

I. 分析型感官检验

它是将人的感官作为检验仪器，鉴别食品间的差异和测定食品质量特性的一种检验方法。例如，食品的质量检验、产品评优等都属于这种类型。

分析型感官检验是将人的感官作为仪器使用，因此，应排除人的主观因素影响或尽可能减少人的主观影响，为了提高产品的重现性，在产品检验时需要注意：

（1）标准化评价基准

感官测定食品质量时，也须给出每一测定评价项目的评价尺度和评价基准物，使结果统一和具有可比性。

（2）规范化实验条件

实验条件的规范化有助于实验不受外界条件的影响，而出现偏差。感官检验的测试结果更容易受到环境条件的影响，因此规范化实验条件显得更为重要。

（3）选定评价员

评价员在参加分析型感官检验选定之前，应经过适当的选择和训练，维持在一定的水平上。

2. 偏爱型感官检验

偏爱型感官检验与分析型感官检验相反，是以食品作为工具，来测定人的感官的接受和偏爱程度，又称为嗜好型感官检验。它完全是人的主观行为。在新产品开发、市场调查中调查人们对感官特性的需要和可接受性时常用这种检验。

（二）按人的感觉器官分

按人的感觉器官不同，可分为以下几种类型：

I. 视觉检验法

食品质量判断的第一个感官手段就是视觉检验。它是通过观察食物的色泽、外表、形状等外部特征来评价食品是否新鲜、瓜果是否成熟，还能判断食物是否变坏。为了避免光线不足带来视觉误差，视觉检验应在白昼散射光线下进行。检验固体食品时，视觉检验主要是观察食品的形态、大小、整体外观、表面光泽度、清洁度、完整度和色调等。检验液体食品时，为了防止色差，应将液体食品倒在无色玻璃器皿里，透过光线来观察，判断有无杂质或絮状沉淀时，可将瓶子颠倒过去观察。

2. 嗅觉检验法

嗅觉检验法是用人的嗅觉器官对食品的气味进行识别，评价食品质量的方法。

3. 味觉检验法

味觉检验是辨别食物品质优劣的感官检验中最为重要的一个环节。这种检验不仅能检查到食物的味道，还能敏感地观察到食物中极为轻微的变化，如食品是否变坏、变味等。食品的温度会影响味觉器官的敏感性，为了更为准确地检验食品的滋味，一般将食品处于在 20 ~ 45℃之间，以免温度的变化对味觉器官造成刺激，或者刺激不明显。若同时检验几种味道强烈程度不同的食品，应该按刺激性由弱到强的顺序品尝。检验时，每验一种食物，都必须中间休息，还应用大量的温水漱口。

4. 触觉检验法

食物的软硬度、松软度、膨胀状况等都可以借助触觉来判断，这也是经常用来鉴别食物品质优劣的一种方法。如鱼的新鲜度和软硬度可以鱼肌肉的硬度和弹性来判断；检验动物油脂的黏稠度可以评价动物油脂的品质。用触觉来判断食物的软硬度时，对温度有要求，一般将温度控制在 15 ~ 20℃之间，食品的状态会因温度的升降发生改变。

5. 听觉评价法

听觉检验是凭借人的听觉器官对声音的反应来检验食品品质的方法。听觉鉴定可对食物的成熟度、新鲜度、冷冻程度、罐头食物的真空度等进行综合检验。

三、食品感官检验的影响因素

食品感官检验是以人的主观意识来判断食品质量的一种方法，会受到多种因素的影响，评判结果也会有所偏离，影响食品感官检验的因素如下所示：

①食品本身。食品的气味、形状、色泽等自身的特点会影响人们对食品的看法，从而使判断结果出现差异。

②检验人员自身的状态。若检验人员对食品检验工作认真负责且感兴趣，那么其检验结果比较有效；若态度不端正，会使结果失真。

③检验人员的饮食习惯也会影响检验结果。

④检验人员之间的相互影响，成员间的面部表情、声音等都会影响评判结果的真实性。

⑤检验环境的选择。检验环境不舒适、有气味等都会影响检验人员对食品性能的真实

评价。

⑥检验人员的性别和年龄差异也会影响检验结果的一致性。

⑦检验人员的身体状况会影响检验结果。若睡眠不足、抽烟情况，患有一些影响味觉的疾病，如病毒性感冒等，会引起检验人员免疫力、感官灵敏度的降低，不同的饱腹感也将影响检验结果。

⑧实验次数。多次品尝同一食品也会影响检验结果的误差。

⑨评判误差。评判结果的误差会因不适合评判尺度的定义引起，也会因食品品尝的顺序影响检测结果，对物品标上记号也会影响检测结果的判断。

四、食品感官评价方法

我国颁布的 GB/T 12310 ~ 12315 等六个关于感官分析方法的国家标准——成对比较检验、三点检验、味觉敏感度的测定、风味剖面检验、不能直接感官分析的样品制备准则、排序法等，为食品感官评价的实践提供了标准化、科学化的指南。在食品感官评价中应参照执行。

感官评价方法主要有差别评价法、标度与类别评价法和描述性评价法三类。

（一）差别评价法

差别评价法是对两种样品进行比较的检验方法，用于确定两种产品之间是否存在感官特性差别。属于这种方法的主要有成对比较检验和三点检验。

（二）标度与类别评价法

标度与类别评价法用于估计产品的差别程度、类别和等级。主要方法有排序法、分类法、评分法和分等法等。

（三）描述性评价法

描述性评价能用于对一个或更多的样品定性和定量地描述其一个或更多的感官特性。属于这类检验的主要有简单描述检验、定量描述和感官剖面检验。

第四节　食品微生物检验

运用微生物学的技术和理论，来研究食品中微生物的种类、特性等，食品中微生物的种类、数量、性质、活动规律等与人类健康关系极为密切的活动为食品微生物检验。微生物与食品的关系复杂，有有益的一面，也有不利的一面，必须经过检验才能确保其安全性。

一、食品微生物检验的内容

食品微生物的检验内容包括：①各类食品原辅料中要求控制的微生物；②半成品、成品中微生物污染及控制情况；③研究微生物与食品保藏的关系；④食品从业人员的卫生状况；⑤研究各类食品生产环境中微生物。

二、食品微生物检验的指标

（一）细菌菌落总数

细菌菌落总数是指食品检验样品经过处理，在一定条件下培养后 1 g 或 1 mL 待检样品中所含细菌菌落的总数。通常采用平板计数法（SPC），它反映出食品的新鲜度、被细菌污染的程度、食品是否变质及食品生产的卫生状况等。菌落总数能在一定程度上反映食品卫生质量的优劣。

（二）大肠菌群数

大肠菌群是指一群在 37℃条件下培养 48 h 能发酵产生乳糖、产酸产气的需氧和兼性厌氧革兰氏阴性无芽孢杆菌。大肠菌群包括大肠杆菌和产气肠杆菌之间的一些生理上比较接近的中间类型的细菌（如柠檬酸杆菌、阴沟肠杆菌、克雷伯菌等）。该菌群主要来源于人畜粪便，根据检出率，判断污染情况。食品中大肠菌群数常以每 1 mL（g）检样中大肠菌群最可能数（MPN）来表示。

（三）致病菌

致病菌是指能引起人类疾病或能产生毒素并引起食物中毒的细菌，它是评价食品卫生质量的极其重要而必不可少的指标。

食品中病原细菌的种类很多，常见的有沙门氏菌、志贺氏菌、金黄色葡萄球菌、副溶血性弧菌、肉毒梭菌、蜡样芽孢杆菌等。由于不同食品的加工工艺、贮藏条件不同，因而不同食品中可能污染的致病菌种类也各不相同。对不同的食品和不同的场合应选择对应的参考菌群进行检验。例如，蛋与蛋制品以沙门氏菌、志贺氏菌等作为参考菌群；肉与肉制品以沙门氏菌、志贺氏菌、金黄色葡萄球菌作为参考检验菌群；糕点、面包以沙门氏菌、志贺氏菌、金黄色葡萄球菌等作为参考菌群；软饮料以沙门氏菌、志贺氏菌、金黄色葡萄球菌等作为参考菌群。

（四）霉菌及其毒素

霉菌和酵母菌广泛分布于自然界，常通过空气或不洁净的器具污染食品。有些霉菌污染食品后，在适宜条件下能够产生毒素，人和动物食用了被霉菌毒素污染的食品后可能引起急性或慢性中毒，甚至引发肿瘤。因此对可能被产毒霉菌污染的食品需进行霉菌及其毒素的检验。近几年，我国已开始重视对产毒霉菌的检验工作，霉菌的检验，目前主要是霉菌计数或同酵母菌一起计数以及黄曲霉毒素等真菌毒素的检验，以了解真菌污染程度和食物被真菌毒素污染的状况。常见的污染食品的产毒霉菌主要分布在曲霉属、镰刀菌属和青霉属这三个属中，产生的霉菌毒素包括黄曲霉毒素、赭曲霉毒素、镰刀菌毒素和青霉菌毒素等。

（五）病毒及寄生虫

有些食品尤其是动物性食品中可能含有能感染人并引起疾病的病毒，如肝炎病毒、猪瘟病毒、马立克氏病毒、狂犬病病毒等。这些致病性病毒也应作为相关食品微生物检验的指标。另外，寄生虫也被很多学者列为食品微生物检验的指标，如旋毛虫、猪肉孢子虫、蛔虫、肺吸虫、螨、姜片吸虫、中华分支睾吸虫等。

三、食品微生物检验的意义

俗语说"民以食为天"，人们的生存，每天都离不开食品。食品微生物学检验的广泛应用和不断改进，是制定和完善有关法律法规的基础和执行依据，是各级预防和监控系统的重要组成部分，是食品微生物污染溯源的有效手段，也是控制和降低由此引起重大损失的有效手段，具有较大的经济和社会意义。

食品中丰富的营养成分为微生物的生长、繁殖提供了充足的物质基础，是微生物良好的培养基，因而微生物污染食品后很容易生长繁殖，导致食品变质，失去其应有的营养成分。更重要的是，一旦人们食用了被微生物污染的食物，会发生各种急性和慢性中毒，甚至有致癌、致畸、致突变作用的远期效应。因此，食品在食用之前必须对其进行食品微生物检验，它是确保食品质量和食品安全的重要手段，也是食品卫生标准中的一个重要内容。国家食品卫生标准一般包括三方面的内容：感官指标、理化指标和微生物指标。感官指标主要包括食品的色、香、味和组织状态等项内容。感官指标就是通过感觉器官来鉴定某种食品的色泽、香气、味道是否正常，有无霉变或其他异物污染，组织形状是否符合要求，或有否沉淀、混浊等现象。根据这些感官现象，可以初步判断食品的卫生状况或初步了解该食品是否发生腐败变质或变质程度。在一般情况下，由微生物污染所引起的食品不卫生状况最容易发生和最为常见。各种食品是否符合国家卫生标准，只有通过科学的严谨的检验手段才能判断。

（一）食品中细菌总数检验的意义

食品中细菌总数通常指 1 g 或 1 mL 或 1 cm^2 表面积食品检样，经过技术处理，在一定条件下做细菌培养后，所得细菌菌落总数。再换算成 1 g 或 1 mL 或 1 cm^2 表面积食品中含有的细菌总数。这种方法所得的结果是该食品每个单位中存在的活菌数。另一种方法是将检样经过适当处理（溶解或稀释），在显微镜下对细菌细胞数进行直接计数，这样的结果，既包括活菌数也包括死菌数，因此称细菌总数。但目前我国食品卫生标准中规定的细菌总数，实际上是指菌落总数，也就是前一种方法所得之结果，它比较客观地反映了食品中污染了的存活的细菌总数。

食品中污染细菌数量的多少，与致病菌被污染的可能性也有一定的关系。一般来说，食品被污染细菌的数量越多，污染致病微生物的可能性也越大。据资料介绍，有科技工作者用猪肉做过这样的试验：当猪肉平均每克污染细菌数为 $5 \times （10^3 \sim 10^4）$ 个时，沙门氏菌的污染率为 11.7%，当细菌数为 $1 \times 10^4 \sim 2 \times 10^4$ 个时，沙门氏菌的污染率为 19.14%，在 $2 \times 10^4 \sim 5 \times 10^4$ 个时，沙门氏菌的污染率为 25%，在 $5 \times （10^4 \sim 10^6）$ 个时，沙门氏菌的污染率高达 57.4% 以上。这充分说明，凡是细菌数含量高的猪肉食品，污染沙门氏菌的概率也相应增加。用蛋制品做试验，也有类似的规律性。

了解食品中污染细菌数量的多少，有以下几方面的意义：

①可以用来预测耐存放的程度和期限。

②可以作为食品被污染程度的标志，能够说明食品各个环节的清洁卫生、消毒情况，在一定程度上也能反映食品的新鲜程度。

③食品中污染细菌的数量，可以与污染某些致病微生物联系起来，如蛋制品中细菌数过多，应考虑沙门氏菌污染的可能性比较大。因此，检验食品中的细菌数，可帮助我们注意食品加工、储运、销售等各个环节的清洁卫生，促进产品质量的提高，尽量降低细菌数量，特别是不使致病微生物污染食品有机可乘。

（二）食品中病原微生物检验的意义

若食品中污染有病原微生物，人们食用后，就会发生食物中毒，危害身体健康，甚至生命安全。因金黄色葡萄球菌和肉毒梭状芽孢杆菌造成的食物中毒，几乎年年都有报道。所以食品卫生标准中规定，任何食品均不得检出致病菌。为了保障人民群众身体健康，我国政府对食品病原微生物的检验和研究都是十分重视的，严格控制病原微生物的扩散和传播，制定严格的食品卫生法规。

由于病原微生物的种类很多，一般情况下，污染食品的致病菌的数量又不会很多，因而在实际中是无法对所有病原微生物进行逐一检验的。目前，一般是根据不同食品的特点，选定较有代表性的致病菌做检测的重点，并以此来判断食品中是否存在致病性微生物。总之，加强对食品中病原微生物的监控和检测，防止食品病原微生物的传播而引起的人畜传染病的流行，将病原微生物扑灭在食品加工前和加工过程中，这样，人们的健康才能得到保障。防止病原微生物通过食品途径传染给家禽家畜，对发展畜牧业，促进国民经济的发展，提高广大人民群众生活水平和生活质量，也会起到更有利的作用。

（三）食品中大肠菌群检验的意义

大肠菌群是指一群好氧与兼性厌氧，能分解乳糖产酸的革兰氏阴性无芽孢杆菌。它们直接或间接来自人和温血动物的粪便。

大肠菌群之所以能作为食品被粪便污染的指示菌，因为它们还具有这样一些特点：①有来源特异性，仅来自人和温血动物肠道；②在外界环境中有较强的抵抗力而能存活一定时间；③在人和温血动物的大肠道中存在的数量很多，如果在食品中粪便含量只要污染有0.001 mg/kg 就能检出；④检验方法相对简易。

沙门氏菌、志贺氏菌等是较常见的肠道致病菌，与大肠菌群来源相同，而且在一般条件下，它们在外界环境中生存时间也与大肠菌群相仿。可以说，有大肠菌群的存在，也可能同时有肠道致病菌的存在。因此，大肠菌群的另一个卫生意义是可以作为肠道致病菌污染食品的指示菌。

要求食品中完全不存在大肠菌群，几乎是不可能的。重要的是食品中大肠菌群污染的程度，也就是说，污染大肠菌群的多少。食品污染大肠菌群的数目，我国和其他一些国家都采用相当于100 g或100 mL食品中的近似值来表示。一般称作大肠菌群近似值MPN(Most Probable Number)。不同的食品，国家食品卫生标准中规定有不同的 MPN 值。

综上，加强对食品微生物指标的检验，是保证食品卫生质量，保障人民群众身体健康的一项十分重要的有意义的工作。当然，如果把食品中细菌总数、大肠菌群数、致病菌的结果以及其他有关指标（如理化指标）一起进行综合分析，一定会对食品的卫生质量得出更为科学和准确的结论。

四、食品微生物检验的常用仪器设备与程序

（一）食品微生物检验的常用仪器设备

食品微生物检验常用的仪器设备有多种。在使用任何仪器设备之前，使用者应该首先

了解仪器的结构、工作原理以及各个操作旋钮的功能、操作规范、使用及维护等。一般在接通电源前，应该对仪器的安全性进行检查，电源线接线应牢固，然后再接通电源开关。我们把食品微生物检验室常用并且比较重要的仪器设备简单地做以下介绍。

1. 均质器

一般均质器有两种：匀浆仪和拍击式均质器。较常用的是使用拍击式均质器，用于从固体样品中提取细菌。它可以有效地分离和得到被包含在固体样品内部和表面的微生物均一样品，确保无菌质袋中混合全部的样品。

2. 培养箱

目前培养箱箱门为单层，装有双层玻璃，便于观察箱内标本。箱内装有测定温度装置以测知箱内温度，并显示在箱外的显示屏上。箱壁装有温度设定按键，可以随意设置不同的培养温度。有的培养箱还设置有杀菌装置。现在市场上常见的培养箱有电热恒温培养箱、生化培养箱、调温调湿培养箱和微生物多用培养箱等。大规模生产中，常建造培养室或称温室。

3. 干燥箱

干燥箱是干热灭菌的常用仪器，它主要用于玻璃仪器灭菌，也可用于洗净的玻璃仪器的烤干。适用于耐高温的玻璃制品、金属制品、保藏菌种用的沙土、石蜡油、碳酸钙等物品的灭菌。干热灭菌需要高温（160 ~ 180℃）持续 1 ~ 2 h。热空气在密闭的空间内通过对流、传导和辐射作用进行循环。其构造与传统的培养箱基本相同，只是底层下的电热量大。

一般小型的干燥箱采用自然对流式传热。这种形式是利用热空气轻于冷空气形成自然循环对流的作用来进行传热和换气，达到箱内温度比较均匀并将样品蒸发出来的水汽排出去的目的。对大型的干燥箱，如果完全依靠自然对流传热和排气就达不到应有的效果，一般安装有电动机带动电扇进行鼓风，达到传热均匀和快速排气的目的，我们称之为"电热鼓风干燥箱"。

（1）使用

灭菌开始应把排气孔敞开，以排除冷气和潮气。灭菌器升温必须缓慢均匀，不能剧增，尤其是 130 ~ 160℃之间，不宜突然加温，要保持被灭菌物品均匀升温。干热灭菌法所用的温度一般规定为 160 ~ 170℃，时间为 1 ~ 2 h。灭菌结束，必须让灭菌器内温度下降到 60℃以下，才能缓慢开门，否则可能引起棉花纸张起火、器皿炸裂。灭菌物品应放入已灭菌物品存放室，并做好记录，灭菌物品一般要求 5 d 内用完。

（2）注意事项

a. 干燥灭菌适用于耐高温的物品，但不适用于湿热方法灭菌、潮湿后容易分解或变性的物品。如检验所用的玻璃瓶、试管、吸管、培养皿和离心管等常用干热法灭菌。

b. 需要灭菌的玻璃瓶和各种玻璃器皿必须洗净且完全干燥后再进行灭菌，以免破裂。

c. 装灭菌物品时要留有空隙，不宜过紧过挤，而且散热底隔板不应放物品，不得使器皿与内层底板直接接触，以免影响热气向上流动。

d. 各种灭菌物品必须包扎装盒，包扎的纸张不能与干燥箱壁接触，以免烤焦。

e. 当温度上升至160℃，维持2 h即可到达灭菌的目的。温度如超过170℃，则器皿外包裹的纸张、棉塞可能会被烤焦甚至燃烧。

f. 用于烤干玻璃仪器时，温度为120℃左右，持续30 min，打开鼓风设备可加速干燥。

g. 箱内不应放对金属有腐蚀性的物质，如酸、碘等，禁止烘焙易燃、易爆、易挥发的物品。如必须在干燥箱内烘干纤维质类和能燃烧的物品，如滤纸、脱脂棉等，则不要使箱内温度过高或时间过长，以免燃烧着火。

h. 观察箱内情况，一般不要打开箱门，隔箱门玻璃观察即可，以免影响恒温。干燥箱恒温后，一般不需人工监视，但为防止控制器失灵，仍须有人经常照看，不能长时间远离。箱内应保持清洁。

4. 灭菌器

应用最广、效果最好的灭菌器是高压蒸汽灭菌锅。可用于培养基、生理盐水、废弃的培养物以及耐高热药品、纱布、玻璃等灭菌。其种类有手提式、立式、卧式等，它们的构造及灭菌原理基本相同。

操作方法与注意事项如下：

a. 手提式与立式高压蒸汽灭菌锅使用前，应打开灭菌锅盖，向锅内加水到水位线，立式消毒锅最好用已煮开过的水或蒸馏水，以便减少水垢在锅内的积存。水要加够，防止灭菌过程中干锅。详细检查灭菌器，预热，排去冷凝水，设置灭菌温度和时间，组合装锅。

b. 装锅时，灭菌物品之间应有一定的间隙，尤其是培养基、橡胶制品等更不能紧密堆压。包裹亦不要过大，以免影响蒸汽的流通，降低灭菌效果。然后将锅盖盖上并将螺旋对角式均匀拧紧，勿使漏气。

c. 灭菌锅密闭前，应将冷空气充分排空。然后关紧排气阀门，则温度随蒸汽压力的升高而上升；否则，压力表上所示压力并非全部是蒸汽压，灭菌将不完全。待锅内蒸汽压力上升至所需压力和规定温度时（一般为115℃或121℃）控制热源，维持压力、温度，开始计时，持续20～40 min，即可达到完全灭菌的目的。

d. 灭菌完毕，不可立即开盖取物，须关闭电（热）源或蒸汽来源，并待其压力自然下降至零时，方可开盖，否则容易发生危险。

e. 灭菌物品保存时间，一般工具、用具、器皿、工作衣帽等灭菌后保存期不超过48 h；培养基、溶液等最好72 h内使用，最长保存期不能超过5 d。

5. 显微镜

显微镜是研究微生物的一种最基本的工具，主要用于微生物和微小结构、形态等的观察。

结构：镜座、镜臂、镜筒、载物台、光源、反光镜、集光器、物镜、目镜、光圈调节纽、载物台平行移动纽、调节旋钮（载物台垂直移动纽）、物镜旋转盘。另外，有的可能还有光源调节纽和反光镜调节纽。

保护：移动时一手托镜座，另一手握镜臂；为避免灰尘，使用后罩住，放置干燥处；不可用手触摸或擦拭镜片；使用油镜后及时用二甲苯擦除镜头油。

常用光学显微镜还有暗视野显微镜、相差显微镜和荧光显微镜。

6. 水浴箱

水浴箱，主要用于温渍化学药品、熔化培养基、灭能血清、快速预加热培养基后转移到选择温度的培养箱中，以及用来熔化和（或）保持培养基处于熔化的状态等。由金属制成，长方形，箱内盛以温水，箱底装有电热丝，由自动调节温度装置控制。箱内水至少两周更换一次并注意洗刷清洁箱内沉积物。水浴能够在很窄的范围内控制温度的波动。温度控制依赖于温度调节装置的灵敏度和微分值、加热单元的功率和水循环系统的效率。

7. 离心机

离心机是利用离心力，分离液体与固体颗粒或液体与液体的混合物中各组分的机械，是微生物实验室极常见的分离工具，主要用途是使液固或液液标本达到离心沉淀的目的。

小型倾斜电动离心机十分轻便，适合实验室使用。其中试管孔倾斜一定角度，能使沉淀物迅速下沉。试管上安置孔盖，以保证安全。离心机底座上装有开关和调速器，扭动后者可调节旋转速度。

8. 菌落计数器

常见菌落计数器为手动菌落计数器、半自动菌落计数器和全自动菌落计数器。

①手动菌落计数器。手动菌落计数器是在光源透射区放置培养皿，上面设有放大镜，将菌落放大便于观察计数。需要人工数数，费时费力，是一种全人工操作的方法。

②半自动菌落计数器。半自动菌落计数器，是一种数字显示半自动细菌检验仪器。由探笔、计数器、计数池等部分组成。只要用探笔点到菌落就会自动计数并显示。与传统菌落计数器相比多了计数并显示的功能。

③全自动菌落计数器。全自动菌落计数器是通过微颗粒粒度检测和微生物菌落分析开发的高新技术产品。它利用其强大的软件图像处理功能和科学的数学分析方法对微生物菌落进行辨别分析和微颗粒粒度检测，计数准确，统计速度快。只要将平板放在计数台上，

由电脑扫描计数，直接显示结果，检验数据可存留。精准稳定的傻瓜式操作，减轻了工作人员的工作强度，最适合乳酸菌的检验计数。

9. 细菌滤器

许多材料如血清、糖溶液、腹水、某些药物等，如果用一般加热消毒灭菌的方法，均会被热破坏，因此，采用过滤除菌的方法。应用最广泛的过滤器有蔡氏过滤器、玻璃过滤器等。滤器孔径常用 0.22μm、0.45μm。

使用方法与注意事项：

滤器必须清洁无菌、无裂缝，将清洁的滤器、滤瓶分别用纸包装后采用蒸汽灭菌 20 min 或煮沸灭菌（滤膜滤器），以无菌操作法将滤器和滤瓶装好，并使滤瓶的侧管与抽气机的抽气橡皮管相连。倒入滤液，开动抽气机，使滤瓶中压力渐减，滤液流入滤器或滤瓶的试管内。滤毕，关闭抽气机。先将抽气机的抽气橡皮管从滤瓶侧管处拔下，再开启滤瓶的橡皮塞。迅速以无菌操作取出瓶中滤液，移放于无菌玻璃容器内。若滤瓶中装有试管，则将盛有滤液的试管取出加塞即可。

10. 冰箱或冰柜

用于放置不稳定的有机试剂和保存参考菌株，如放置生化试管、氧化酶试验用试剂、双氧水、抗生素、血清等。

以上是微生物检验室常用的仪器设备，管理者应确保将安全的检验室操作及程序融合到工作人员的基本培训中。

总之，加强设备仪器的妥善保养是必要的。不正常的任何设备，若出现过载或错误操作，或检测结果可疑，或设备缺陷，都应立即停用。同时食品微生物检验室应具有应对意外事故和突发事件的能力。

实验室的一些常规设备、器皿及试验耗材的配置和正确使用直接关系着试验操作的成败，其中玻璃器皿的清洁是得到正确的实验结果的重要条件之一。

（二）食品微生物检测的程序

1. 样品送检

①及时将采集好的食品微生物送到微生物检验室，一般送至微生物检验室的时间不宜超过 3 h。对那些采集路途较远又不易冷冻保存的样品应保存在 1~5℃的环境中，勿使其冻结，防止微生物急速生长。

②在送检样品时，要认真地填写申请单，为检验人员检验做参照。

③检验人员接到送检单后，应立即登记，填写序号，并按检验要求，立即将样品放在

冰箱或冰盒。

2. 样品处理

所用的样品处理必须都在无菌室内进行，对已冷冻的样品应该在原容器中解冻，解冻温度为 2 ～ 5℃不超过 18 h 或 45℃不超过 15 min。

一般固体食品的样品处理方法有以下几种。：

（1）捣碎均质方法

取 100 g 或者 100 g 以上的样品均匀捣碎，取 25g 放入装有 225 mL 的无菌均质杯中，于 8000 ～ 10 000 r/min 下均质 1 ～ 2 min。

（2）剪碎振摇法

剪碎 100g 或 100 g 以上的样品，将其混合均匀，从中取 25g 检样进一步剪碎，放入带 225mL 稀释液和适量直径 5mm 左右玻璃珠的稀释瓶中，用振幅不小于 40 cm 的力气，用力振摇 50 次混合液。

（3）研磨法

取 100 g 或 100 g 以上的样品均匀剪碎，从中取出 25 g，放入无菌乳钵中充分研磨后再放入带有 225 mL 的无菌稀释液的稀释瓶中，盖紧盖后充分混匀。

（4）整粒振摇法

直接称取如蒜瓣、青豆等有完整自然保护膜的颗粒状样品 25 g 置入装有玻璃珠和 225 mL 的无菌稀释溶液的容量瓶中，盖紧盖，以 40 cm 以上的振幅，用力振摇 50 次。所得结果一般都比实际值低，是因为大蒜素具有杀菌作用。若采取的是冻蒜瓣试样，应该将其剪碎。

3. 检验

检验同一种指标的方法有多种，要依据不同食品的不同检测目的，选取检验方法。现行的国家标准是常规检验方法通常所选用的，另外，还有行业标准、国际标准、每个食品进口国的标准等。

一般阴性试样可以及时处理样品，阳性样品发出报告后 3 日方能处理样品；进口食品的阳性样品，须保存 6 个月方能处理。

4. 结果报告

检验人员应该在样品检验完毕后立马填写结果报告单，并签名，将其送往主管人核实签字，加印印章，以表生效，食品卫生管理人员应给予及时处理。

第六章　食品中污染物的检验

第一节　食品中重金属的检验

一、食品中砷的测定

砷是一种类金属元素，主要以硫化物的形式存在。正常的食品中含有微量的砷，其含量随品种和地区而异，一般每千克含十分之几到几毫克，其中以海产品含砷量较高。

国家标准中规定的食品中总砷的测定方法有电感耦合等离子体质谱法、银盐法、氢化物发生原子荧光光谱法等。无机砷的测定方法有液相色谱-原子荧光光谱法、液相色谱-电感耦合等离子体质谱法。下面介绍银盐法和氢化物发生原子荧光光谱法测定食品中的总砷。

（一）银盐法测定食品中的总砷

1.原理

在酸性溶液中，在碘化钾和酸性氯化亚锡存在下，样液中的五价砷还原为三价砷。利用锌与酸作用生成的原子态氢，与三价砷作用，生成砷化氢气体，然后通过乙酸铅棉花，进入含有 Ag-DDC（二乙基二硫代氨基甲酸银）的吸收液，砷化氢与 Ag-DDC 作用，生成红色胶态银，比色定量。

2.仪器

可见分光亮度计、测砷装置（图 6-1）。

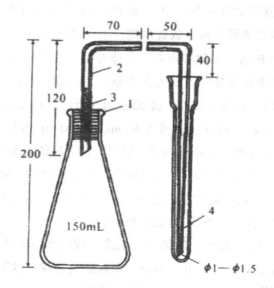

图 6-1　测砷装置

1-150 mL 锥形瓶；2- 导气管；3- 乙酸铅棉花；4-10 mL 刻度离心管

3. 主要试剂

（1）硝酸 + 高氯酸混合液（4+1）：量取 80 mL 硝酸，加 20 mL 高氯酸，混匀。

（2）硝酸镁溶液（150g / L）：称取 15g 硝酸镁［mg（NO₃）₂·6 h₂O］溶于水中，并稀释至 100 mL。

（3）乙酸铅棉花：用 100 g / L 乙酸铅溶液浸透脱脂棉后，挤出多余溶液，使疏松，在 100 r 以下干燥后，储存于玻璃瓶中。

（4）二乙基二硫代氨基甲酸银 – 三乙醇胺 – 三氯甲烷溶液：称取 0.25 g 二乙基二硫代氨基甲酸银［（C₂H₅）₂NC s₂Ag］置于乳钵中，加少量三氯甲烷研磨，移入 100 mL 量筒中，加入 1.8mL 三乙醇胺，再用三氯甲烷分次洗涤乳钵，洗液一并移入量筒中，再用三氯甲烷稀释至 100 mL 放置过夜。滤入棕色瓶中保存。

（5）砷标准储备溶液：精密称取 0.1320g 在硫酸干燥器中干燥过的或在 100℃ 干燥 2 h 的三氧化二砷，加 5 mL 200 g/L 氢氧化钠溶液，溶解后加 25 mL 硫酸（6+94）溶液，移入 1000 mL 容量瓶中，加新煮沸后的冷却水稀释至刻度，储存于棕色玻璃塞瓶中。每毫升此溶液相当于 0.10 mg 砷。

（6）砷标准使用液：吸取 1.0mL 砷标准储备溶液，置于 100 mL 容量瓶中，加 1 mL 硫酸（6+94）溶液，加水稀释至刻度，每毫升此溶液相当于 1.0pg 砷。

4. 样品消化

（1）硝酸 – 高氯酸 – 硫酸法

①粮食、粉丝、粉条、豆干制品、糕点、茶叶等及其他含水分少的固体食品:称取 5.00g

或 10.00g 粉碎样品，置于 250 ～ 500 mL 定氮瓶中，先加少许水使其湿润，加数粒玻璃珠、10 ～ 15 mL 硝酸 – 高氯酸混合液，放置片刻，小火缓缓加热，待作用缓和，放冷。沿瓶壁加入 5 mL 或 10 mL 硫酸再加热，至瓶中液体开始变成棕色时，不断沿瓶壁滴加硝酸 – 高氯酸混合液至有机质完全分解。加大火力至产生白烟，溶液应澄明无色或微带黄色，放冷。在操作过程中应注意防止爆炸。加 20mL 水煮沸，除去残余的硝酸至产生白烟为止，如此处理两次，放冷。将冷后的溶液移入 50 mL 或 100 mL 容量瓶中，用水洗涤定氮瓶，洗涤液并入容量瓶中，放冷，加水至刻度，混匀。定容后的溶液每 10mL 相当于 1g 样品，相当于加入硫酸 1mL。样品消化液中残余的硝酸须如法驱尽，硝酸的存在影响反应与显色，会导致结果偏低，必要时须增加测定用硫酸的加入量。取与消化样品相同量的硝酸 – 高氯酸混合液和硫酸，按同一方法做试剂空白试验。

②蔬菜、水果：称取 25.00 g 或 50.00 g 洗净打成匀浆的样品，置于 250 ～ 500 mL 定氮瓶中，加数粒玻璃珠、10 ～ 15mL 硝酸 – 高氯酸混合液，以下按①中操作进行。定容后的溶液每 10 mL 相当于 5 g 样品，相当于加入硫酸 1 mL。

③酱、酱油、醋、冷饮、豆腐、腐乳、酱腌菜等：称取 10.00 g 或 20.00 g 样品（或吸取 10.00 mL 或 20.00 mL 液体样品），置于 250 ～ 500 mL 定氮瓶中，加数粒玻璃珠、5 ～ 15 mL 硝酸 – 高氯酸混合液，以下按①中操作进行。定容后的溶液每 10 mL 相当于 2g 样品或 2 mL 样品。

④含酒精性饮料或含二氧化碳饮料：吸取 10.00 mL 或 20.00 mL 样品，置于 250 ～ 500 mL 定氮瓶中，加数粒玻璃珠，先用小火加热除去乙醇或二氧化碳，再加 5 ～ 10mL 硝酸 – 高氯酸混合液，混匀后，以下按①中操作进行。定容后的溶液每 10 mL 相当于 2g 或 2 mL 样品。

⑤含糖量高的食品：称取 5.00g 或 10.00g 粉碎样品，置于 250 ～ 500 mL 定氮瓶中，先加水少许使湿润，加数粒玻璃珠、10 ～ 15 mL 硝酸 – 高氯酸混合后，摇匀。缓缓加入 5mL 或者 10mL 硫酸，待作用缓和停止起泡沫后，再加大火力，至有机质分解完全，产生白烟，溶液应澄明无色或微带黄色，放冷。以下按①自"加 20 mL 水煮沸"起依法操作。

⑥水产品：取可食部分样品捣成匀浆，称取 5.00 g 或 10.00 g（海产藻类、贝类可适当减少取样量），置于 250 ～ 500 mL 定氮瓶中，加数粒玻璃珠、10 ～ 15 mL 硝酸 – 高氯酸混合后，以下按①自"沿瓶壁加入 5 mL 或 10 mL 硫酸"起依法操作。

（2）硝酸 – 硫酸法

以硝酸代替硝酸 – 高氯酸混合液进行操作。

（3）灰化法

①粮食、茶叶及其他含水分少的食品：称取 5.00 g 磨碎样品，置于坩埚中，加入 1g 氧化镁、1 mL 氯化镍及 10mL 硝酸镁溶液，混匀，浸泡 4h，于低温或置于水浴锅上蒸干。用小火碳化至无烟后移入马弗炉中加热至 550℃，灼烧 3 ～ 4h，冷却后取出。加 5 mL 水

湿润灰分后，用玻璃棒搅拌，再用少量水洗下玻璃棒上附着的灰分至坩埚内。放置水浴上蒸干后移入高温炉550℃灰化2h，冷却后取出。加5 mL水湿润灰分，再慢慢加入10 mL盐酸溶液（1+1），然后将溶液移入50 mL容量瓶中。坩埚用盐酸溶液（1+1）洗涤3次，每次5 mL，再用水洗涤3次，每次5 mL，洗涤液均并入容量瓶中，再加水至刻度，混匀。定容后的溶液每10 mL相当于1g样品，相当于加入盐酸（中和需要量除外）1.5 mL。全量供银盐法测定时，不必再加盐酸。

取与灰化样品相同量的氧化镁和硝酸镁溶液，按同一操作方法做试剂空白试验。

②植物油：称取5.00g样品，置于50 mL瓷坩埚中，加10g硝酸镁，再在上面覆盖2g氧化镁，将坩埚置于小火上加热，至刚冒烟，立即将坩埚取下，以防内容物溢出，待烟小后，再加热至碳化完全。将坩埚移至马弗炉中，550℃以下灼烧至灰化完全，冷却取出。加5 mL水湿润灰分，再缓缓加入15 mL盐酸溶液（1+1），然后将溶液移入50 mL容量瓶中。坩埚用盐酸溶液（1+1）洗涤5次，每次5mL，洗涤液均并入容量瓶中，加盐酸（1+1）至刻度，混匀。定容后的溶液每10 mL相当于1g样品，相当于加入盐酸量（中和需要量除外）1.5 mL。

取与消化样品相同量的氧化镁和硝酸镁，按同一操作方法做试剂空白试验。

③水产品：取可食部分样品捣成匀浆，称取5 g置于坩埚中，加1 g氧化镁及10 mL硝酸镁溶液，混匀，浸泡4h。以下按灰化法中①自"于低温或置于水浴锅上蒸干"起依法操作。

5. 测定

（1）硝酸–高氯酸–硫酸或硝酸–硫酸消化：液吸取一定量消化后的定容溶液（相当于5g样品）及同量的试剂空白液，分别置于150 m L锥形瓶中，补加硫酸至总量为5 mL，加水至50～55 mL。吸取0 mL、2 mL、4 mL、6 mL、8 mL、10 mL砷标准使用液（相当于0 g、2 g、4 g、6 g、8 g、10 g）分别置于150 mL锥形瓶中，加水至40 mL，再加10 mL硫酸（1+1）。于样品消化液、试剂空白液及砷标准溶液中各加3mL150 g/L碘化钾溶液、0.5 mL酸性氯化亚锡溶液，混匀，静置15 min。各加3 g无砷锌粒，立即分别塞上装有乙酸铅棉花的导气管，并使管尖端插入盛有4mL银盐溶液的离心管中的液面下，在常温下反应45 min后，取下离心管，加三氯甲烷补足4 mL。用1cm比色杯，以零管调节零点，于波长520nm处测吸亮度，绘制标准曲线。

（2）灰化法消化液：取灰化法消化液及试剂空白液，分别置于150 mL锥形瓶中。吸取0.0mL、2.0 mL、4.0 mL、6.0 mL、8.0 mL、10.0 mL砷标准使用液（相当于0.0 g、2.0 g、4.0 g、6.0 g、8.0 g、10.0 g砷）分别置于150 mL锥形瓶中，加水至43.5 mL，再加6.5 mL盐酸。以下按（1）自"于样品消化液　　"起依法操作。

6. 结果计算

$$X = \frac{A_1 - A_2 \times 1000}{M \times \frac{V_2}{V_1} \times 1000}$$

（6-1）

式中：

X——样品中砷的含量，mg / kg 或 mg / L；

A_1——测定用样品消化液中砷的含量，μg；

A_2——试剂空白液中砷的含量，μg；

M——样品的质量（体积），g（mL）；

V_1——样品消化液的总体积，mL；

V_2——测定用样品消化液的体积，mL。

（二）氢化物发生原子荧光光谱法测定食品中的总砷

I. 原理

食品试样经湿法消解或干灰化法处理后，加入硫脲使五价砷预还原为三价砷，再加入硼氢化钠或硼氢化钾使还原生成砷化氢，由氩气载入石英原子化器中分解为原子态砷，在高强度砷空心阴极灯的发射光激发下产生原子荧光，其荧光强度在同定条件下与被测液中的砷浓度成正比，与标准系列比较定量。

2. 试剂和材料

（1）试剂

①氢氧化钠（NaOH）：②氢氧化钾（KOH）；③硼氢化钾（KBH_4）：分析纯；④硫脲（c $H_4N_2O_2S$）：分析纯；⑤盐酸（HCl）；⑥硝酸（HNO_3）；⑦硫酸（H_2SO_4）；⑧高氯酸（$HClO_4$）；⑨硝酸镁 [mg（NO_3）$_2$·6 H_2O]：分析纯；⑩氧化镁（mgO）：分析纯；⑪抗坏血酸（$C_6H_8O_6$）。

（2）试剂配制

①氢氧化钾溶液（5 g / L）：称取 5 g 氢氧化钾，溶于水并稀释至 1000 mL；

②硼氢化钾溶液（20 g / L）：称取 20 g 硼氢化钾，溶于 1000 mL 5 g / L 氢氧化钾溶液中，混匀；

③硫脲 + 抗坏血酸溶液：称取 10.0 g 硫脲，加约 80 mL 水，加热溶解，待冷却后加入 10 g 抗坏血酸，稀释至 100 mL；

④氢氧化钠溶液（100 g / L）：称取 10 g 氢氧化钠，溶于水并稀释至 100 mL；

⑤硝酸镁溶液（150 g / L）：称取 15 g 硝酸镁，溶于水并稀释至 100 mL；

⑥盐酸溶液（1+1）：量取 100 mL 盐酸，缓缓倒入 100 mL 水中，混匀；

⑦硫酸溶液（1+9）：量取 100 mL 硫酸，缓缓倒入 900 mL 水中，混匀；

⑧硝酸溶液（2+98）：量取 20 mL 硝酸，缓缓倒入 980 mL 水中，混匀。

（3）标准品

三氧化二砷（AS_2O_3）标准品：纯度 > 99.5%。

（4）标准溶液配制

①砷标准储备液（100 mg / L，按 As 计）：准确称取于 100 ℃干燥 2 h 的三氧化二砷 0.0132g，100 g / L 氢氧化钠溶液 1 mL 和少量水溶解，转入 100mL 容量瓶中，加入适量盐酸调整其酸度近中性，加水稀释至刻度，4℃避光保存，保存期一年。

②砷标准使用液（1.00mg / L，按 As 计）：准确吸取 1.00 mL 砷标准储备液（100 mg / L）于 100 mL 容量瓶中，用硝酸溶液（2+98）稀释至刻度。现用现配。

3. 仪器和设备

①原子荧光光谱仪；②天平：感量为 0.1 mg 和 1 mg；③组织匀浆器；④高速粉碎机；⑤控温电热板：50℃ ~ 200℃；⑥马弗炉。

注：玻璃器皿及聚四氟乙烯消解内罐均须以硝酸溶液（1+4）浸泡 24 h，用水反复冲洗，最后用去离子水冲洗干净。

4. 分析步骤

（1）试样预处理

①在采样和制备过程中，应注意不使试样污染。

②粮食、豆类等样品去杂物后粉碎均匀，装入洁净聚乙烯瓶中，密封保存备用。

③蔬菜、水果、鱼类、肉类及蛋类等新鲜样品，洗净晾干，取可食部分匀浆，装入洁净聚乙烯瓶中，密封，于 4℃冰箱冷藏备用。

（2）试样消解

①湿法消解

同体试样称取 1.0 ~ 2.5 g、液体试样称取 5.0 ~ 10.0 g（或 mL）（精确至 0.00lg），置于 50 ~ 100 mL 锥形瓶中，同时做两份试剂空白。加硝酸 20 mL、高氯酸 4mL、硫酸 1.25 mL，放置过夜。次日置于电热板上加热消解，若消解液处理至 1 mL 左右时仍有未分解物质或色泽变深，取下放冷，补加硝酸 5 ~ 10 mL，再消解至 2mL 左右，如此反复两三次，注意避免碳化。继续加热至消解完全后，再持续蒸发至高氯酸的白烟散尽，硫酸的白烟开始冒出。冷却，加水 25 mL，再蒸发至冒硫酸白烟。冷却，用水将内容物转入 25 mL 容量瓶或比色管中，加入硫脲+抗坏血酸溶液 2mL，补加水至刻度，混匀，放置 30 min，待测。按同一操作方法做空白试验。

②干灰化法

同体试样称取 1.0 ~ 2.5 g 液体试样取 4 mL（或 g）（精确至 0.001 g），置于 50 ~ 100mL 坩埚中，同时做两份试剂空白。加 150 g / L 硝酸镁 10mL 混匀，低热蒸干，将 1 g 氧化镁覆盖在干渣上，于电炉上碳化至无黑烟，移入 550 ℃马弗炉灰化 4h。取出放冷，小心加入盐酸溶液（1+1）10m L 以中和氧化镁并溶解灰分，转入 25 mL 容量瓶或比色管，向容量瓶或比色管中加入硫脲 + 抗坏血酸溶液 2mL，另用硫酸溶液（1+9）分次洗涤坩埚后合并洗涤液至 25 mL 刻度，混匀，放置 30 min，待测，按同一操作方法做空白试验。

（3）仪器参考条件

负高压：260 V；砷空心阴极灯电流：50 ~ 80 mA；载气：氩气；载气流速：500 mL/min；屏蔽气流速：800 mL/min；测量方式；荧光强度：读数方式：峰曲积。

（4）标准曲线制作

取 25 mL 容量瓶或比色管 6 支，依次准确加入 1.00 μg/mL，砷标准使用液 0.00 mL、0.10 mL、0.25 mL、0.50 mL、1.5 mL 和 3.0 mL（分别相当于砷浓度 0.0ng/mL、4.0 ng/mL、10ng/mL、20ng/mL、60ng/mL、120 ng/mL）各加硫酸溶液（1+9）12.5 mL、硫脲 + 抗坏血酸溶液 2 mL 补加水至刻度，混匀后放置 30 min 后测定。

仪器预热稳定后，将试剂空白、标准系列溶液依次引入仪器进行原子荧光强度的测定。以原子荧光强度为纵坐标、砷浓度为横坐标绘制标准曲线，得到回归方程。

（5）试样溶液的测定

相同条件下，将样品溶液分别引入仪器进行测定，根据回归方程计算出样品中砷元素的浓度。

5. 分析结果的表述

试样中总砷含量按式（6-2）计算：

$$X = \frac{c-c_0 \times V \times 1000}{m \times 1000 \times 1000}$$

（6-2）

式中：

X——试样中砷的含量，单位为毫克每千克（mg/kg）或毫克每升（mg / L）：

c——试样被测液中砷的测定浓度，单位为纳克每毫升（ng/mL）；

c_0——试样空白消化液中砷的测定浓度，单位为纳克每毫升（ng/mL）；

V——试样消化液总体积，单位为毫升（mL）；

m——试样质量，单位为克（g）或毫升（mL）；

1000——换算系数。

二、食品中铅的测定

铅是一种不可降解的强烈亲神经性有毒物质，能够影响人体的神经系统、造血系统、消化系统以及生殖系统，危害人体健康。我国将铅列为食品卫生标准中的重点监测项目，铅的允许量为：生乳、巴氏杀菌乳、灭菌乳、发酵乳、调制乳 ≤ 0.05 mg/kg，蛋及蛋制品（皮蛋、皮蛋肠除外）≤ 0.2 mg/kg，调味品（食用盐、香辛料类除外）< 1 mg/L，谷物及其制品 0.2 mg/kg，新鲜蔬菜（芸薹类蔬菜、叶菜蔬菜、豆类蔬菜、薯类除外）≤ 0.l mg/kg，蔬菜制品 ≤ 1.0 mg/kg，新鲜水果（浆果和其他小粒水果除外）≤ 0.1 mg/kg，水果制品 ≤ 1.0mg/kg，食用菌及其制品 ≤ 1.0mg/kg，肉类（畜禽内脏除外）≤ 0.2mg/kg，肉制品 ≤ 0.5 mg/kg，鲜、冻水产动物（鱼类、甲壳类、双壳类除外）≤ 1.0 mg/kg。

国家标准中规定的铅的测定方法主要有石墨炉原子吸收光谱法、电感耦合等离子体质谱法、二硫腙比色法和火焰原子吸收光谱法等，下面对二硫腙比色法进行介绍。

（一）原理

试样经消化后，在 pH 值 8.5 ～ 9.0 时，铅离子与二硫腙生成红色络合物，溶于三氯甲烷。加入柠檬酸铵、氰化钾和盐酸羟胺等，防止铁、铜、锌等离子干扰。于波长 510nm 处测定吸亮度，与标准系列比较定量。

（二）主要试剂

①硝酸（HNO_3）：优级纯；②高氯酸（$HClO_4$）：优级纯；③氨水（$NH_3 \cdot H_2O$）：优级纯；④盐酸（HCl）：优级纯；⑤酚红（$C_{19}H_{14}O_5S$）；⑥盐酸羟胺（$NH_2Oh \cdot HCl$）；⑦柠檬酸铵 [$C_6H_5O_7$（NH_4）$_3$]；⑧氰化钾（KCN）；⑨三氯甲烷（CH_3Cl，不应含氧化物）；⑩二硫腙（$C_6H_5NhNhCsN=NC_6H_5$）；⑪乙醇（C_2h_5OH）：优级纯。

（三）试剂配制

①硝酸溶液（5+95）：量取 50 mL 硝酸，缓慢加入 950 mL 水中，混匀；

②硝酸溶液（1+9）：量取 50 mL 硝酸，缓慢加入 450 m L 水中，混匀；

③氨水溶液（1+1）：量取 100 mL 氨水，加入 100 m L 水，混匀；

④氨水溶液（1+99）：量取 10 mL 氨水，加入 990 m L 水，混匀；

⑤盐酸溶液（1+1）：量取 100 mL 盐酸，加入 100 m L 水，混匀；

⑥酚红指示液（1 g / L）：称取 0.1g 酚红，用少量多次乙醇溶解后移入 100 mL 容量瓶中并定容至刻度，混匀；

⑦二硫腙 – 三氯甲烷溶液（0.5 g / L）：称取 0.5g 二硫腙，用三氯甲烷溶解，并定容至 1000 mL，混匀，保存于 0 ～ 5℃下；

⑧盐酸羟胺溶液（200g/L）：称20g盐酸羟胺，加水溶解至50 mL，加2滴酚红指示液（1g/L），加氨水溶液（1+1），调pH值至8.5～9.0（由黄变红，再多加2滴），用二硫腙－三氯甲烷溶液（0.5g/L）提取至三氯甲烷层绿色不变为止，再用三氯甲烷洗二次，弃去三氯甲烷层，水层加盐酸溶液（1+1）至呈酸性，加水至100 mL，混匀；

⑨柠檬酸铵溶液（200g/L）：称取50g柠檬酸铵，溶于100 mL水中，加2滴酚红指示液（1g/L），加氨水溶液（1+1），调pH值至8.5～9.0，用二硫腙－三氯甲烷溶液（0.5g/L）提取数次，每次10～20 mL，至三氯甲烷层绿色不变为止，弃去三氯甲烷层，再用三氯甲烷洗二次，每次5mL，弃去三氯甲烷层，加水稀释至250 mL，混匀；

⑩氰化钾溶液（100g/L）：称取10g氰化钾，用水溶解后稀释至100 mL，混匀；

⑪二硫腙使用液：吸取1mL二硫腙－三氯甲烷溶液（0.5g/L），加三氯甲烷至10 mL，混匀。用1cm比色杯，以三氯甲烷调节零点，于波长510 nm处测吸光度（A），用式（6–3）算出配制100 mL二硫腙使用液（70%透光率）所需二硫腙－三氯甲烷溶液（0.5g/L）的毫升数（V）。量取计算所得体积的二硫腙－三氯甲烷溶液，用三氯甲烷稀释至100 mL。

$$V = \frac{10 \times (2 - \lg 70)}{A} = \frac{1.55}{A}$$

（6–3）

（四）标准品

硝酸铅〔Pb（NO₃）₂，CAs号：10099–74–8〕：纯度 > 99.99%。或经国家认证并授予标准物质证书的一定浓度的铅标准溶液。

（五）仪器

①分光光度计；②分析天平：感量0.1 mg和1 mg；③可调式电热炉；④可调式电热板。

（六）样品处理

称取试样1～5g（精确到0.001g）于锥形瓶或高脚烧杯中，放数粒玻璃珠，加10mL混合酸（9+1），加盖浸泡过夜，加一小漏斗于电炉上消解，若变棕黑色，再加混合酸，直至冒白烟，消化液呈无色透明或略带黄色，放冷，用滴管将试样消化液洗入或过滤入（视消化后试样的盐分而定）10～25 mL容量瓶中，用水少量多次洗涤锥形瓶或高脚烧杯，洗液合并于容量瓶中并定容至刻度，混匀备用；同时做试剂空白试验。

（七）测定

1. 仪器条件

将各自仪器性能调至最佳状态。测定波长 510 nm。

2. 标准曲线绘制

吸取 0mL、0.100 mL、0.200 mL、0.300 mL、0.400 mL 和 0.500mL 铅标准使用液（相当于 0μg、1.00μg、2.00μg、3.00μg、4.00μg 和 5.00μg 铅）分别置于 125 mL 分液漏斗中，各加硝酸溶液（5+95）至 20 mL。再各加 2 mL 柠檬酸铵溶液（200 g / L）、1 mL 盐酸羟胺溶液（200 g / L）和 2 滴酚红指示液（1 g / L），用氨水溶液（1+1）调至红色，再各加 2 mL 氰化钾溶液（100 g / L），混匀。各加 5 mL 二硫腙使用液，剧烈振摇 1min，静置分层后，三氯甲烷层经脱脂棉滤入 1cm 比色杯中，以三氯甲烷调节零点于波长 510 nm 处测吸亮度，以铅的质量为横坐标、吸亮度值为纵坐标，制作标准曲线。

3. 试样测定

将试样溶液及空白溶液分别置于 125 mL 分液漏斗中，各加硝酸溶液至 20 mL。于消解液及试剂空白液中各加 2 mL 柠檬酸铵溶液（200 g / L）、1 mL 盐酸羟胺溶液（200 g / L）和 2 滴酚红指示液（1 g / L），用氨水溶液（1+1）调至红色，再各加 2mL 氰化钾溶液（100 g / L），混匀。各加 5mL 二硫腙使用液，剧烈振摇 1 min，静置分层后，三氯甲烷层经脱脂棉滤入 1cm 比色杯中，于波长 510 nm 处测吸亮度，与标准系列比较定量。

（八）结果计算

试样中铅含量的计算公式与氢化物发生原子荧光光谱法测定食品中总砷含量的公式（6-2）相同。

三、食品中汞的测定

汞又称水银，是人体机能非必需的微量元素，汞在人体内积蓄可引起人体积蓄性汞中毒，导致骨节疼痛等症状。

汞分为总汞和甲基汞。国家标准中规定的总汞的测定方法是冷原子吸收光谱法和原子荧光光谱分析法，甲基汞的测定方法是液相色谱－原子荧光光谱联用方法。下面介绍冷原子吸收光谱法和液相色谱－原子荧光光谱联用方法。

（一）冷原子吸收光谱法测定食品中的汞

l. 原理

汞蒸气对波长 253.7 nm 的共振线具有强烈的吸收作用。样品经过酸消解或催化酸消解使汞转为离子状态，在强酸性介质中以氯化亚锡还原成元素汞，以氮气或干燥空气作为载体，将元素汞吹入汞测定仪，进行冷原子吸收测定，在一定浓度范围，其吸收值与汞含量成正比，与标准系列比较定量。

2. 主要试剂

①酸（0.5+99.5）：取 0.5mL 硝酸，慢慢加入 50mL 水中，然后加水稀释至 100 mL；

②硝酸－重铬酸钾溶液（5+0.05+94.5）：称取 0.05g 重铬酸钾，溶于水中，加入 5 mL 硝酸，用水稀释至 100mL；

③氯化亚锡溶液（100 g / L）：称取 10 g 氯化亚锡，溶于 20mL 盐酸中，以水稀释至 100 mL，临用时现配；

④汞标准储备液：准确称取 0.135 4 g 经干燥器干燥过的二氧化汞，溶于硝酸－重铬酸钾溶液中，移入 100 mL 容量瓶中，以硝酸－重铬酸钾溶液稀释至刻度，混匀。每毫升此溶液含 1mg 汞；

⑤汞标准使用液：由 1mg/mL 汞标准储备液经硝酸－重铬酸钾溶液稀释成 2ng/mL、4 ng/mL、6 ng/mL、8 ng/mL，ng/mL 汞标准使用液。

3. 仪器

①双光束测汞仪（附气体循环泵、气体干燥装置、汞蒸气发生装置及汞蒸气吸收瓶）；②压力消解器、压力消解罐或压力溶弹。

4. 测定

（1）样品预处理
在采样和制备过程中，应注意不使样品污染。储于塑料瓶中，保存备用。
（2）样品消解
采用压力罐消解。
（3）测定
①仪器使用条件
打开测汞仪，预热 1 ~ 2h，并将仪器性能调至最佳状态。
②标准曲线绘制
吸取上面配制的汞标准使用液 2 ng/mL、4 ng/mL、6 ng/mL、8 ng/mL、10ng/m L 各 5 mL（相

当于 10ng、20ng、30ng、40ng、50ng 汞），置于测汞仪的汞蒸气发生器的还原瓶中，分别加入 1.0 mL 还原剂氯化亚锡（100 g / L），迅速盖紧瓶塞，随后有气泡产生，从仪器读数显示的最高点测得其吸收值，然后打开吸收瓶上的三通阀将产生的汞蒸气吸收于高锰酸钾溶液（50 g / L）中，待测汞仪上的读数达到零点时进行下一次测定。求得吸光值与汞质量关系的一元线性回归方程。

③样品测定

分别吸取样液和试剂空白液各 5 mL，置于测汞仪的汞蒸气发生器的还原瓶中，以下按标准曲线绘制自"分别加入 1 mL 还原剂氯化亚锡"起进行。将所测得的吸收值代入标准系列的一元线性回归方程中求得样液中的汞含量。

5. 结果计算

$$X = \frac{m_1 - m_2 \times \frac{V_1}{V_2} \times 1000}{m_3 \times 1000}$$

（6-4）

式中：

X——样品中的汞含量，$\mu g/kg$（$\mu g / L$）；

m_1——测定样品消化液中汞的质量，ng；

m_2——试剂空白液中汞的质量，ng；

V_1——样品消化液总体积，mL；

V_2——测定用样品消化液体积，mL；

m_3——样品的质量或体积，g 或 mL。

（二）液相色谱 — 原子荧光光谱联用方法测定食品中的甲基汞

1. 原理

食品中甲基汞经超声波辅助 5mol/L 盐酸溶液提取后，使用 C18 反相色谱柱分离，色谱流出液进入在线紫外消解系统，在紫外光照射下与强氧化剂过硫酸钾反应，甲基汞转变为无机汞。酸性环境下，无机汞与硼氢化钾在线反应生成汞蒸气，由原子荧光光谱仪测定。由保留时间定性，外标法峰面积定量。

2. 试剂和材料

（1）试剂

①甲醇（CH_3OH）：色谱纯；②氢氧化钠（NaOh）；③氢氧化钾（KOH）；④硼氢化钾（KBH_4）：分析纯；⑤过硫酸钾（$K_2S_2O_8$）：分析纯；⑥乙酸铵（CH_3COONH_4）：分析纯；

⑦盐酸（HC$_1$）；⑧氨水（NH$_3$·H$_2$O）；⑨L- 半胱氨酸（L–HSCH$_2$CH（NH$_2$）COOH）：分析纯。

（2）试剂配制

①流动相（5% 甲醇 +0.06 mol/L 乙酸铵 +0.01%L- 半胱氨酸：称取 0.5g L- 半胱氨酸，2.2g 乙酸铵，置于 500 mL 容量瓶中，用水溶解，再加入 25 mL 甲醇，最后用水定容至 500 mL。经 0.45 am 有机系滤膜过滤后，于超声水浴中超声脱气 30 min。现用现配。

②盐酸溶液（5 mol/L）：量取 208 mL 盐酸，溶于水并稀释至 500 mL。

③盐酸溶液 10%（体积比）：量取 100 mL 盐酸，溶于水并稀释至 1000 mL。

④氢氧化钾溶液（5 g / L）：称取 5.0 g 氢氧化钾，溶于水并稀释至 1000 mL。

⑤氢氧化钠溶液 .（6 mol/L）：称取 24 g 氢氧化钠，溶于水并稀释至 100 mL。

⑥硼氢化钾溶液（2 g / L）：称取 2.0 g 硼氢化钾，用氢氧化钾溶液（5 g / L）溶解并稀释至 1000 mL。现用现配。

⑦过硫酸钾溶液（2 g / L）：称取 1.0 g 过硫酸钾，用氢氧化钾溶液（5 g / L）溶解并稀释至 500 mL。现用现配。

⑧L- 半胱氨酸溶液（10g / L）：称取 0.1 g L- 半胱氨酸，溶于 10 mL 水中。现用现配。

⑨甲醇溶液（1+1）：量取甲醇 100 mL，加入 100 mL 水中，混匀。

（3）标准品

①氯化汞（hgCl$_2$），纯度 ≥ 99%；②氯化甲基汞（hgCh$_3$Cl），纯度 ≥ 99%。

（4）标准溶液配制

①氯化汞标准储备液（200 μg/mL，以 hg 计）：准确称取 0.027 0 g 氯化汞，用 0.5 g / L 重铬酸钾的硝酸溶液溶解，并稀释、定容至 100 mL。于 4 ℃冰箱中避光保存，可保存两年。

②甲基汞标准储备液（200 μg/mL，以 hg 计）：准确称取 0.0250 g 氯化甲基汞，加少量甲醇溶解，用甲醇溶液(1+1)稀释和定容至 100 mL。于 4℃冰箱中避光保存，可保存两年。

③混合标准使用液（1.00 μg/mL，以 hg 计）：准确移取 0.5 mL 甲基汞标准储备液和 0.5 mL 氯化汞标准储备液，置于 100 mL 容量瓶中，以流动相稀释至刻度，摇匀。此混合标准使用液中，两种汞化合物的浓度均为 1.00 μg/mL。现用现配。

3. 仪器和设备

①液相色谱 – 原子荧光光谱联用仪（LC-AF s）：由液相色谱仪、在线紫外消解系统及原子荧光光谱仪组成；②天平：感量为 0.1 mg 和 1.0mg；③组织匀浆器；④高速粉碎机；⑤冷冻干燥机；⑥离心机：最大转速 10 000 r/min；⑦超声清洗器。

4. 分析步骤

（1）试样预处理

①在采样和制备过程中，应注意不使试样污染。

②粮食、豆类等样品去杂物后粉碎均匀，装入洁净聚乙烯瓶中，密封保存备用。

③蔬菜、水果、鱼类、肉类及蛋类等新鲜样品，洗净晾干，取可食部分匀浆，装入洁净聚乙烯瓶中，密封，于4℃冰箱冷藏备用。

（2）试样提取

称取样品0.50～2.0 g（精确至0.001 g），置15 mL塑料离心管中，加入10mL的盐酸溶液（5 mol/L），放置过夜。室温下超声水浴提取60 min，其间振摇数次。4℃下以8000 r/min转速离心15 min。准确吸取2.0 mL上清液至5 mL容量瓶或刻度试管中，逐滴加入氢氧化钠溶液（6 mol/L），使样液pH值为2～7O加入0.1 mL的L-半胱氨酸溶液（10g/L），最后用水定容至刻度。0.45μm有机系滤膜过滤，待测，同时做空白试验。

（3）仪器参考条件

①液相色谱参考条件

a. 色谱柱：C18分析柱（柱长150 mm，内径4.6 mm，粒径5μm），C_{18}预柱（柱长10mm，内径4.6 mm，粒径5μm）；b. 流速：1.0 mL/min；c. 进样体积：100μL。

②原子荧光检测参考条件

a. 负高压：300 V；b. 汞灯电流：30 mA；c. 原子化方式：冷原子；d. 载液：10%盐酸溶液；e. 载液流速：4.0 mL/min；f. 还原剂：2 g/L硼氢化钾溶液；g. 还原剂流速4.0 mL/min；h. 氧化剂：2g/L过硫酸钾溶液，氧化剂流速1.6 mL/min；i. 载气流速：500 mL/min；j. 辅助气流速：600 mL/min。

（4）标准曲线制作

取6支10mL容量瓶，分别准确加入混合标准使用液（1.00μg/mL）0.00mL、0.010 mL、0.020 mL、0.040 mL，0.060 mL和0.10 mL，用流动相稀释至刻度。此标准系列溶液的浓度分别为0.0ng/mL、1.0ng/mL、2.0 ng/mL、4.0ng/mL、6.0 ng/mL和10.0ng/mL。吸取标准系列溶液100L进样，以标准系列溶液中目标化合物的浓度为横坐标、以色谱峰曲积为纵坐标，绘制标准曲线。

试样溶液的测定：将试样溶液100μL注入液相色谱-原子荧光光谱联用仪中，得到色谱图，以保留时间定性。以外标法峰曲积定量。平行测定次数不少于两次。

5. 分析结果的表述

试样中甲基汞按式（6-5）计算：

$$X = \frac{f \times c - c_0 \times V \times 1000}{m \times 1000 \times 1000}$$

（6-5）

式中：

X——试样中甲基汞的含量，单位为毫克每千克（mg/kg）；

f——稀释因子；

c——经标准曲线得到的测定液中甲基汞的浓度，单位为纳克每毫升（ng/mL）；

c_0——经标准曲线得到的空白溶液中甲基汞的浓度，单位为纳克每毫升（ng/mL）；

V——加入提取试剂的体积，单位为毫升（mL）；

1 000——换算系数：

M——试样称样量，单位为克（g）。

第二节　食品中亚硝酸盐、硝酸盐的检验

硝酸盐和亚硝酸盐广泛存在于人类环境中，是自然界中最普遍的含氮化合物。食物中的亚硝酸盐多由硝酸盐转化还原生成。硝酸盐是自然界广泛存在的一种无机盐，人类的食物与饮水中均含有一定量的硝酸盐，一般情况下硝酸盐含量甚微，不至于使人中毒，但在某些情况下，食物中的硝酸盐含量激增，极易引起人体中毒。存在于食物中的过量硝酸盐，在一系列细菌的硝基还原酶的作用下，可被还原成亚硝酸盐，食物中过的亚硝酸盐，是引起人体中毒、致癌、死亡的重要原因之一。硝酸盐在食物中过量存在的问题，已引起了广大科学界人士的关注，同时也引起了食品卫生监督人员的高度重视。

一、亚硝酸盐的作用

（一）发色作用

亚硝酸盐在肉制品中首先被还原成亚硝酸，生成的 HNO_2 性质不稳定，在常温下分解为亚硝基，亚硝基很快与肌红蛋白反应生成一氧化氮肌红蛋白，这是一种含 Fe^{2+} 的鲜亮红色的化合物。这种物质性质稳定，即使加热 Fe^{2+} 与 NO^- 也不易分离，这就使肉制品呈现诱人的鲜红色，增加消费者的购买欲，提高肉制品的商品性。

（二）抑菌作用

亚硝酸盐是良好的抑菌剂，它在 pH 值 4.5 ～ 6.0 的范围内对金黄色葡萄球菌和肉毒梭菌的生长起到抑制作用，其主要作用机理在于 NO_2^- 与蛋白质生成一种复合物（铁 –HITROY 复合物），从而阻止丙酮降解生成 ATP，抑制了细菌的生长繁殖；而且硝酸盐及亚硝酸盐在肉制品中形成 HNO_2 后，分解产生 NO_2，再继续分解成 NO^- 和 O_2，氧可抑制深层肉中严格厌氧的肉毒梭菌的繁殖，从而防止肉毒梭菌产生肉毒毒素而引起的食物中毒，起到了抑菌防腐的作用。

（三）腌制作用

亚硝酸盐与食盐作用改变了肌红细胞的渗透压，增强盐分的渗透作用，促进肉制品成熟风味的形成，可以使肉制品具有弹性，口感良好，消除原料肉的异味，提高产品品质。

（四）螯合和稳定作用

在肉制品腌制过程中，亚硝酸盐能使泡涨的胶原蛋白的数量增多，从而增加肉的黏度和弹性，是良好的螯合剂。另外，亚硝酸盐能提高肉品的稳定性，防止脂肪氧化而产生的不良风味。

二、亚硝酸盐的危害与防治

亚硝酸盐是一种允许使用的食品添加剂，但大剂量的亚硝酸盐会使血色素中二价铁氧化成为三价铁，产生大量高铁血红蛋白，从而使其失去携氧和释氧能力，引起全身组织缺氧，产生肠源性青紫症。当少量的亚硝酸盐进入血液时，形成的高铁血红蛋白通过以上还原机制自行缓解，不表现缺氧等中毒症状。但如果进入的亚硝酸盐过多，使高铁血红蛋白的形成速度超过还原速度，则出现高铁血红蛋白血症，即产生亚硝酸盐中毒。人体摄入 $0.3 \sim 0.5\ g$ 亚硝酸盐可引起中毒，$3\ g$ 可致死。

引起亚硝酸盐中毒的主要原因是误食。由于市场上硝酸酸盐和亚硝酸盐销售比较混乱，使用中又缺乏有效的监管，因而每年都有因误将亚硝酸盐当作食盐使用引起的急性中毒事件发生。另外，食品中添加亚硝酸盐过量也可能引起中毒。中枢神经对缺氧最敏感，并有头晕、头痛、心率加速、呼吸急促、恶心、呕吐、腹痛等症状，严重者可以引起呼吸困难、循环衰竭和中枢神经损害，出现心律不齐、昏迷，常死于呼吸衰竭。

需要注意的还有亚硝酸盐被摄入胃里后，在胃酸作用下与蛋白质分解产物二级胺反应生成亚硝胺。胃内还有一类细菌叫硝酸还原菌，也能使亚硝酸盐与胺类结合成亚硝胺，胃酸缺乏时，此类细菌生长旺盛，故不论胃酸多少均有利于亚硝胺的产生。亚硝胺具有强烈的致癌作用，主要引起食管癌、胃癌、肝癌和大肠癌等。在已知的 100 多种亚硝胺类化合物中，已证实有 80% 左右可使动物致癌，而且目前尚未发现有一种动物能受亚硝胺而不致癌。亚硝胺具有对任何器官诱发肿瘤的能力，特别是它可通过胎盘传给后代引起癌肿。

除上述危害外，亚硝酸盐还能够通过胎盘进入婴儿体内，6 个月以内的婴儿对亚硝酸盐特别敏感，对胎儿有致畸作用。欧共体建议亚硝酸盐不得用于婴儿食品，而硝酸盐应限制使用。另有研究指出，水中含硝酸根超过 15 mg / L 时，先天畸形的风险提高四倍。研究认为，高硝酸盐摄入能减少人体对碘的吸收，从而导致甲状腺肿。

为了控制硝酸盐和亚硝酸盐的用量，许多国家都制定了限量卫生标准以限制其使用范围和使用量。我国《食品安全国家标准食品添加剂使用标准》（GB 2760–2014）规定：亚硝酸盐用于腌腊肉制品、酱卤肉制品，熏、烧、烤肉类、西式火腿、肉灌肠类、发酵肉制品类时，亚硝酸盐〔以亚硝酸钠（钾）计〕的最大使用量为 0.5 g。

防治亚硝酸盐的危害应从饮食方面减少摄入量。①食剩的熟菜在高温下存放长时间后不可再食用。②不喝长时间煮熬的蒸锅剩水。③尽量少吃或不吃腌制、熏制、腊制的鱼、肉类、香肠、腊肉、火腿、罐头食品、盐腌不久的菜（包括腌制时间在 24 h 之内的咸菜）。④禁食腐烂变质蔬菜或变质的腌菜。白菜食用时，应注意剥掉外面几层含有相当多的硝酸盐的菜叶。人们选购蔬菜时应注意观察其外表，如果黄瓜、土豆、西葫芦的外表下渗出黄点，反映硝酸盐含量高。⑤多吃一些含 VC 和 VE 丰富的蔬菜、水果以及茶叶、食醋等可以阻止亚硝酸盐的形成。

另外，还要从食品生产加工等方面严格控制。①妥善保管亚硝酸盐，防止误食。②严格食品添加剂卫生管理，控制硝酸盐、亚硝酸盐作为发色剂的使用范围、使用剂量及食品残留量。联合国粮农组织（FAO）、世界卫生组织（WHO）、联合国食品添加剂法规委员会（JECFA）建议在目前还没有理想代替品的情况下，把用量限制在最低水平。③在土壤中施用钼肥以减少粮食、蔬菜中亚硝酸盐含量。钼肥在植物中起到的作用是固氮和还原硝酸盐。大白菜和萝卜使用钼肥后，VC 含量比对照组高 38%，亚硝酸盐平均下降 26.5%。若植物缺钼，则硝酸盐含量增加。④改良水质，对饮用水中含硝酸盐较高的地区进行水质处理。⑤低温保存食物，以减少蛋白质分解和亚硝酸盐生成。⑥防止微生物污染和食物霉变。做好食品保藏，防止蔬菜、鱼、肉腐败变质，产生亚硝酸盐及仲胺。⑦合理加工、烹调操作可降低蔬菜中可食部分硝酸盐含量。商品蔬菜经过烧煮后，硝酸盐含量下降幅度为 50% ~ 70%；蔬菜食前经过沸水浸泡 3 min 处理能有效降低硝酸盐含量，且效果好于清水浸泡 10min 或锅炒 3 min；将马铃薯放在浓度为 1% 的食盐水或 VC 溶液中浸泡一昼夜，马铃薯中硝酸盐的含量可减少 90%；蔬菜在烹调食用前先焯水、弃汤后再烹炒可大大降低其中的硝酸盐含量。⑧加强监督管理。美国、法国、德国等国家已制定了一系列的法令，对食品（包括蔬菜、罐头、肉制品和乳制品）中硝酸盐的含量进行了限制。在荷兰、比利时、德国等国家，蔬菜必须持有合格证方可进入蔬菜商店。合格证上记录着硝酸盐的准确含量，消费者通过使用一种试纸条可立即证实硝酸盐含量。相比之下，我国这方面的工作还存在许多要完善的地方。

亚硝酸盐的检测方法包括分光亮度法、催化亮度法、荧光亮度法、流动注射分光亮度法、化学发光法、伏安法、极谱法、气相色谱法、高效液相色谱法、离子色谱法、毛细管电泳法、比色法等。下面介绍离子色谱法和分光亮度法测定食品中的亚硝酸盐。

三、离子色谱法测定食品中亚硝酸盐和硝酸盐

试样经沉淀蛋白质、除去脂肪后，采用相应的方法提取和净化，以氢氧化钾溶液为淋洗液，阴离子交换柱分离，电导检测器检测。以保留时间定性，外标法定量。

（一）试剂和材料

①超纯水：电阻率 > 18.2 mΩ·cm；②乙酸（CH_3COOh）：分析纯；③氢氧化钾（KOH）：

分析纯；④乙酸溶液（3%）；量取乙酸 3 mL 于 100 mL 容量瓶中，以水稀释至刻度，混匀；⑤亚硝酸根离子（NO₂⁻）标准溶液（100 mg / L，水基体）；⑥硝酸根离子（NO₃⁻）标准溶液（1 000 mg / L，水基体);⑦亚硝酸盐（以 NO₂⁻ 计，下同）和硝酸盐（以 NO₃⁻ 计，下同）混合标准使用液：准确移取亚硝酸根离子（NO？ －）和硝酸根离子（NO₃⁻）的标准溶液各 1.0 mL 于 100 mL 容量瓶中，用水稀释至刻度，此溶液每 1L 含亚硝酸根离子 1.0 mg 和硝酸根离子 10.0 mg。

（二）仪器和设备

①离子色谱仪；②食物粉碎机；③超声波清洗器；④天平：感量为 0.1 mg 和 1 mg；⑤离心机:转速 ≥ 10 000 转 / 分钟，配 5 mL 或 10 mL 离心管；⑥ 0.22 μ m 水性滤膜针头滤器；⑦净化柱：包括 C₁₈ 柱、Ag 柱和 Na 柱或等效柱；⑧注射器：1.0 mL 和 2.5 mL。

（三）试样预处理

①新鲜蔬菜、水果：将试样用去离子水洗净，晾干后，取可食部切碎混匀。将切碎的样品用四分法取适量,用食物粉碎机制成匀浆备用。如需加水应记录加水量。②肉类、蛋、水产及其制品:用四分法取适量或取全部，用食物粉碎机制成匀浆备用。③乳粉、豆奶粉、婴儿配方粉等固态乳制品（不包括干酪):将试样装入能够容纳两倍试样体积的带盖容器中，通过反复摇晃和颠倒容器使样品充分混匀直到使试样均一化。④发酵乳、乳、炼乳及其他液体乳制品：通过搅拌或反复摇晃和颠倒容器使试样充分混匀。⑤干酪：取适量的样品研磨成均匀的泥浆状。为避免水分损失，研磨过程中应避免产生过多的热量。

（四）提取

①水果、蔬菜、鱼类、肉类、蛋类及其制品等：称取试样匀浆 5g（精确至 0.01 g，可适当调整试样的取样量，以下相同），以 80 mL 水洗入 100 mL 容量瓶中，超声提取 30 min，每隔 5 min 振摇一次，保持固相完全分散。于 75℃ 水浴中放置 5 min，取出放置至室温，加水稀释至刻度。溶液经滤纸过滤后，取部分溶液于 10 000 r/min 离心 15 min，上清液备用。②腌鱼类、腌肉类及其他腌制品：称取试样匀浆 2g（精确至 0.01g），以 80 mL 水洗入 100 mL 容量瓶中，超声提取 30 min，每 5 min 振摇一次，保持固相完全分散。于 75℃ 水浴中放置 5 min，取出放置至室温，加水稀释至刻度。溶液经滤纸过滤后，取部分溶液于 10 000 r/min 离心 15 min，上清液备用。③乳：称取试样 10g（精确至 0.01g），置于 100 mL 容量瓶中，加水 80 mL，摇匀，超声 30 min，加入 3% 乙酸溶液 2mL，于 4℃ 放置 20 min，取出放置至室温，加水稀释至刻度。溶液经滤纸过滤，取上清液备用。④乳粉：称取试样 2.5 g（精确至 0.01 g），置于 100 mL 容量瓶中，加水 80 mL，摇匀，超声 30 min，加入 3% 乙酸溶液 2mL，于 4℃ 放置 20 min，取出放置至室温，加水稀释至刻度。溶液经滤纸过滤，

取上清液备用。

取上述备用的上清液约 15 mL，通过 0.22 μm 水性滤膜针头滤器、C18 柱，弃去前面 3 mL，收集后面洗脱液待测。

固相萃取柱使用前须进行活化，如使用 OnGuard Ⅱ RP 柱（1.0 mL）、OnGuard Ⅱ Ag 柱（1.0 mL）和 OnGuard Ⅱ Na 柱（1.0 mL），其活化过程为：OnGuard Ⅱ RP 柱（1.0 mL）使用前依次用 10 mL 甲醇、15 mL 水通过，静置活化 30 min。OnGuard Ⅱ Ag 柱（1.0 mL）和 OnGuard Ⅱ Na 柱（1.0 mL）用 10 mL 水通过，静置活化 30 min。

（五）参考色谱条件

①色谱柱：氢氧化物选择性，可兼容梯度洗脱的高容量阴离子交换柱，如 Dionex IonPac Asl1—hC 4 mm×250 mm（带 IonPacAGl 1—HC 型保护柱 4 mm×50 mm），或性能相当的离子色谱柱。②淋洗液：一般试样：氢氧化钾溶液，浓度为 6 ~ 70 mmol/L；洗脱梯度为 6 mmol/L30 min、70 mmol/L5 min、6 mmol/L5 min；流速 1.0mL/min。粉状婴幼儿配方食品：氢氧化钾溶液，浓度为 5 ~ 50 mmol/L；洗脱梯度为 5 mmol/L 33 minH50 mmol/L 5 minH5 mmol/L 5 min；流速 1.3 mL/min。③抑制器：连续自动再生膜阴离子抑制器或等效抑制装置。④检测器：电导检测器，检测池温度为 35℃。⑤进样体积：50 μL（可根据试样中被测离子含量进行调整）。

（六）测定

移取亚硝酸盐和硝酸盐混合标准使用液，加水稀释，制成系列标准溶液，含亚硝酸根离子浓度为 0.00mg/L、0.02 mg/L、0.04 mg/L、0.06 mg/L、0.08 mg/L、0.10mg/L、0.15 mg/L、0.20 mg/L；硝酸根离子浓度为 0.0mg/L、0.2 mg/L、0.4 mg/L、0.6mg/L、0.8 mg/L、1.0 mg/L、1.5 mg/L、2.0 mg/L 的混合标准溶液，从低到高浓度依次进样。得到上述各浓度标准溶液的色谱图。以亚硝酸根离子或硝酸根离子的浓度（mg/L）为横坐标，以峰高（us）或峰面积为纵坐标，绘制标准曲线或计算线性回归方程。

分别吸取空白和试样溶液 50 μL，在相同工作条件下，依次注入离子色谱仪中，记录色谱图。根据保留时间定性，分别测量空白和样品的峰高（μs）或峰面积。试样中亚硝酸盐（以 NO_2^-）或硝酸盐（以 NO_3^- 计）含量按式（6–7）计算：

$$X = \frac{c - c_0 \times V \times f \times 1000}{m \times 1000}$$

（6–7）

式中：

X——试样中亚硝酸根离子或硝酸根离子的含量，mg/kg；

c——测定用试样溶液中的亚硝酸根离子或硝酸根离子浓度，mg/L；

c_0——试剂空白液中亚硝酸根离子或硝酸根离子的浓度，mg/L；

V——试样溶液体积，mL；

f——试样溶液稀释倍数；

m——试样取样量，g。

试样中测得的亚硝酸根离子含量乘以换算系数 1.5，即得亚硝酸盐（按亚硝酸钠计）含量；试样中测得的硝酸根离子含量乘以换算系数 1.37，即得硝酸盐（按硝酸钠计）含量。

四、分光亮度法测定食品中亚硝酸盐和硝酸盐

亚硝酸盐采用盐酸萘乙二胺法测定，硝酸盐采用镉柱还原法测定。试样经沉淀蛋白质、除去脂肪后，在弱酸条件下亚硝酸盐与对氨基苯磺酸重氮化后，再与盐酸萘乙二胺耦合形成紫红色染料，外标法测得亚硝酸盐含量。采用镉柱将硝酸盐还原成亚硝酸盐，测得亚硝酸盐总量，由此总量减去亚硝酸盐含量，即得试样中硝酸盐含量。

（一）试剂和材料

①亚铁氰化钾 [$K_4Fe(CN)_6 \cdot 3h_2O$]；②乙酸锌 [$Zn(CH_3COO)_2 \cdot 2H_2O$]；③冰醋酸（$CH_3COOH$）；④硼酸钠（$Na_2B_4O_7 \cdot 10H_2O$）；⑤盐酸（1.19 g/mL）；⑥氨水（25%）；⑦对氨基苯磺酸（$C_6H_7NO_3s$）；⑧盐酸萘乙二胺（$C_{12}H_{14}N_2 \cdot 2HCl$）；⑨亚硝酸钠（$NaNO_2$）；⑩硝酸钠（$NaNO_3$）；k 锌皮或锌棒；l 硫酸镉；m 亚铁氰化钾溶液（106 g/L）：称取 106.0g 亚铁氰化钾，用水溶解，并稀释至 1 000 mL；n 乙酸锌溶液（220 g/L）：称取 220.0 g 乙酸锌，先加 30 mL 冰醋酸溶解，用水稀释至 1 000 mL；o 饱和硼砂溶液（50 g/L）：称取 5.0g 硼酸钠，溶于 100 mL 热水中，冷却后备用；p 氨缓冲溶液（pH 值 9.6 ~ 9.7）：量取 30 mL 盐酸，加 100 mL 水，混匀后加 65 mL 氨水，再加水稀释至 1000 mL，混匀。调节 pH 值 9.6 ~ 9.7；q 氨缓冲液的稀释液：量取 50 mL 氨缓冲溶液，加水稀释至 500 mL，混匀；r 盐酸（0.1 mol/L）：量取 5 mL 盐酸，用水稀释至 600 mL；s 对氨基苯磺酸溶液（4 g/L）：称取 0.4 g 对氨基苯磺酸，溶于 100 mL 20%（体积比）盐酸中，置棕色瓶中混匀，避光保存；t 盐酸萘乙二胺溶液（2 g/L）：称取 0.2 g 盐酸萘乙二胺，溶于 100mL 水中，混匀后，置棕色瓶中，避光保存；③亚硝酸钠标准溶液（200 μg/mL）：准确称取 0.1 g 于 110℃ ~ 120℃ 干燥恒重的亚硝酸钠，加水溶解移入 500 mL 容量瓶中，加水稀释至刻度，混匀；u 亚硝酸钠标准使用液（5.0 μg/mL）：临用前，吸取亚硝酸钠标准溶液 5.00 mL，置于 200 mL 容量瓶中，加水稀释至刻度；v 硝酸钠标准溶液（200 μg/mL，以亚硝酸钠计）：准确称取 0.1232 g 于 110℃ ~ 120℃ 干燥恒重的硝酸钠，加水溶解，移入 500mL 容量瓶中，并稀释至刻度；w 硝酸钠标准使用液（5 μg/mL）：临用时吸取硝酸钠标准溶液 2.50 mL，置于 100 mL 容量瓶中，加水稀释至刻度。

（二）仪器和设备

①天平：感量为 0.1 mg 和 1 mg；②组织捣碎机；③超声波清洗器；④恒温干燥箱；⑤分光光度计。

（三）镉柱

①海绵状镉的制备：投入足够的锌皮或锌棒于 500 mL 硫酸镉溶液（200 g / L）中，经过 3 ~ 4h，当其中的镉全部被锌置换后，用玻璃棒轻轻刮下，取出残余锌棒，使镉沉底，倾去上层清液，以水用倾泻法多次洗涤，然后移入组织捣碎机中，加 500 mL 水，捣碎约 2 s，用水将金属细粒洗至标准筛上，取 20 ~ 40 目之间的部分。

②镉柱的装填：如图 6-2。用水装满镉柱玻璃管，并装入 2 cm 高的玻璃棉做垫，将玻璃棉压向柱底时，应将其中所包含的空气全部排出，在轻轻敲击下加入海绵状镉至 8 ~ 10 cm 高，上面用 1 cm 高的玻璃棉覆盖，上置一贮液漏斗，末端要穿过橡皮塞与镉柱玻璃管紧密连接。

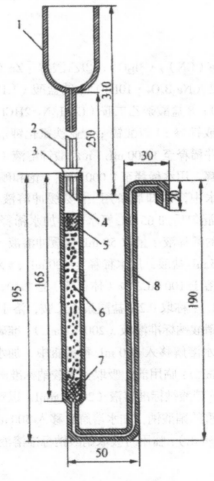

图 6-2　镉柱示意图

1- 贮液漏斗，内径 35 mm，外径 37 mm；2- 进液毛细管，内径 0.4 mm，外径 6 mm；3- 橡皮塞；

4- 镉柱玻璃管，内径 12 mm，外径 16 mm；5、7- 玻璃棉；6- 海绵状镉；

8- 出液毛细管，内径 2 mm，外径 8 mm。

如无上述镉柱玻璃管时，可以 25 mL 酸式滴定管代用，但过柱时要注意始终保持液面在镉层之上。当镉柱填装好后，先用 25 mL 盐酸（0.1 mol/L）洗涤，再以水洗两次，每次 25 mL，镉柱不用时用水封盖，随时都要保持水平面在镉层之上，不得使镉层夹有气泡。

镉柱每次使用完毕后，应先以 25 mL 盐酸（0.1 mol/L）洗涤，再以水洗两次，每次 25 mL，最后用水覆盖镉柱。镉柱还原效率的测定：吸取 20 mL 硝酸钠标准使用液，加入 5 mL 氨缓冲液的稀释液，混匀后注入贮液漏斗，使流经镉柱还原，以原烧杯收集流出液，当贮液漏斗中的样液流完后，再加 5 mL 水置换内径柱内留存的样液。取 10.0 mL 还原后的溶液（相当 10 μg 亚硝酸钠）于 50 mL 比色管中，吸取 0.00 mL、0.20 mL、0.40 mL、0.60 mL、0.80 mL、1.00 mL、1.50 mL、2.00 mL、2.50 mL 亚硝酸钠标准使用液（相当于 0.0 μg、1.0 μg、2.0 μg、3.0 μg、4.0 μg、5.0 μg、7.5 μg、10.0 μg、12.5 μg 亚硝酸钠），分别置于 50 mL 带塞比色管中。于标准管与试样管中分别加入 2 mL 对氨基苯磺酸溶液，混匀，静置 3 ~ 5 min 后各加入 1 mL 盐酸萘乙二胺溶液，加水至刻度，混匀，静置 15 min，用 2 cm 比色杯，以零管调节零点，于波长 538 nm 处测吸亮度，绘制标准曲线。根据标准曲线计算测得结果，与加入量一致，还原效率大于 98% 为符合要求。还原效率按式（6-8）进行计算。

$$X = \frac{A}{10} \times 100\%$$

（6-8）

式中：

X——还原效率，%；

A——测得亚硝酸钠的含量，μg；

10——测定用溶液相当亚硝酸钠的含量，μg。

（四）分析步骤

试样处理同上。称取 5 g（精确至 0.01 g）制成匀浆的试样（如制备过程中加水，应按加水量折算），置于 50 mL 烧杯中，加 12.5 mL 饱和硼砂溶液，搅拌均匀，以 70℃ 左右的水约 300 mL 将试样洗入 500 mL 容量瓶中，于沸水浴中加热 15 min，取出置冷水浴中冷却，并放置至室温。在振荡上述提取液时加入 5 mL 亚铁氰化钾溶液，摇匀，再加入 5 mL 乙酸锌溶液，以沉淀蛋白质。加水至刻度，摇匀，去上层脂肪，上清液用滤纸过滤，弃去初滤液 30 mL，滤液备用。

亚硝酸盐的测定。吸取 40.0 mL 上述滤液于 50 mL 带塞比色管中，0.20 mL、0.40 mL、0.60 mL、0.80 mL、1.00 mL、1.50 mL、2.00 mL、2.50 mL 亚硝酸钠标准使用液（相当于 0.0 μg、1.0 μg、2.0 μg、3.0 μg、4.0 μg、10.0 μg、12.5 μg 亚硝酸钠），分别置于 50 mL 带塞比色

管中。于标准管与试样管中分别加入 2 mL 对氨基苯磺酸溶液，混匀，静置 3 ~ 5 min 后各加入 1 mL 盐酸萘乙二胺溶液，加水至刻度，混匀，静置 15 min，用 2 cm 比色杯，以零管调节零点，于波长 538 nm 处测吸亮度，绘制标准曲线比较。同时做试剂空白。

硝酸盐的测定。镉柱还原先以 25 mL 稀氨缓冲液冲洗镉柱，流速控制在 3 ~ 5mL/min（以滴定管代替的可控制在 2 ~ 3 mL/min）。吸取 20 mL 滤液于 50 mL 烧杯中，加 5 mL 氨缓冲溶液，混合后注入贮液漏斗，使流经镉柱还原，以原烧杯收集流出液，当贮液漏斗中的样液流尽后，再加 5 mL 水置换柱内留存的样液。将全部收集液如前再经镉柱还原一次，第二次流出液收集于 100mL 容量瓶中，继以水流经镉柱洗涤三次，每次 20 mL，洗液一并收集于同一容量瓶中，加水至刻度，混匀。

亚硝酸钠总量的测定。吸取 10 ~ 20 mL 还原后的样液于 50 mL 比色管中。以下按操作同亚硝酸盐测定过程。亚硝酸盐（以亚硝酸钠计）的含量按式（6-9）进行计算。

$$X_1 = \frac{A_1 \times 1000}{m \times \frac{V_1}{V_0} \times 1000} \tag{6-9}$$

式中：

X_1——试样中亚硝酸钠的含量，mg/kg；

A_1——测定用样液中亚硝酸钠的质量，μg；

m——试样质量，g；

V_1——测定用样液体积，mL；

V_0——试样处理液总体积，mL。

硝酸盐（以硝酸钠计）的含量按式（6-10）进行计算。

$$X_2 = \left[\frac{A_2 \times 1000}{m \times \frac{V_2}{V_1} \times \frac{V_4}{V_3} \times 1000} - X_1 \right] \times 1.232 \tag{6-10}$$

式中：

X_2——试样中硝酸钠的含量，mg/kg：

A_2——经镉粉还原后测得总亚硝酸钠的质量，μg；

m——试样的质量，g；

1.232——亚硝酸钠换算成硝酸钠的系数；

V_2——测总亚硝酸钠的测定用样液体积，mL；

V_0——试样处理液总体积，mL；

V_3——经镉柱还原后样液总体积，mL；

V_4——经镉柱还原后样液的测定用体积，mL；

X_1——由式（6-9）计算出的试样中亚硝酸钠的含量，mg/kg。

第三节　食品中苯并（a）芘的检验

苯并芘又称苯并（a）芘，英文缩写 BaP，是多环芳烃类化合物中的一种，是煤炭、木材、脂肪等物质不完全燃烧时的一种产物，分子式为 $C_{20}H_{12}$，分子量为 252，具有五环结构，其结构式如图 6-3。多环芳烃包括范围很广，结构复杂，毒性强弱也不一样，其中一部分具有致癌活性，并在人类环境中出现。多环芳烃（PAH）中以 BaP 污染最广、含量最多、致癌作用最强，是多环芳烃类化合物中具有代表性的物质，是一种主要的环境和食品污染物，所以一般把苯并芘作为环境和食品受多环芳烃污染的指标和代表。

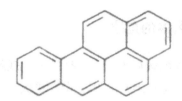

图 6-3　苯并（a）结构式

一、苯并（a）芘的性质

BaP 是黄色固体，在碱性溶液中较稳定，但在酸性溶液中不稳定。易与硝酸、过氯酸等起化学反应，对氯、溴等卤族元素的化学亲和力较强，能被活性炭吸附，可利用这一性质除去 BaP。微溶于水，易溶于环己烷、苯、乙醚、丙酮等有机溶剂，在波长为 415 ~ 425 nm 的光照射下发出黄绿色荧光，故可用荧光分光亮度计进行测定。

BaP 是已发现的 200 多种多环芳烃中最主要的环境和食品污染物，是一种强致癌物质，对机体各器官，如对皮肤、肺、肝、食道、胃肠等均有致癌作用。

二、苯并（a）芘对食品的污染

（一）食品加工和贮存过程中受到的污染

BaP 是烟中的一个重要成分，所以食品在烟熏过程中会受到污染。

烘烤和油炸是常用的食品加工方法，烘烤时，食品常与燃料产物直接接触，可受到苯并芘的污染。烘烤的温度较高，使有机物质受热分解，经环化、聚合而形成 BaP，使食品中 BaP 的含量增加。特别当食品烤焦或碳化时，BaP 含量显著增加。油炸时，油脂经多次反复加热，可促使脂肪氧化分解产生 BaP，而使油炸制品中 BaP 含量增加。据研究报道，在烤制过程中动物食品所滴下的油滴中 BaP 含量是动物食品本身的 10 ~ 70 倍。当食品经烟熏或烘烤而烤焦或碳化时，BaP 生成量随着温度的上升而急剧增加。

烟熏和烘烤的食品，BaP 最初主要附着于食品的表层，随着贮存时间的延长，BaP 可逐渐向食品的深部渗透，从而造成更严重的污染。

另外，在食品加工贮存过程中，某些加工设备及包装材料中的 BaP 溶出可污染食品。

（二）环境中的 BaP 对食品的污染

工业生产、交通运输以及日常生活中使用的大量燃料，对环境造成污染。环境中的 BaP 又可转移到植物、粮食以及水产品中，从而对人类健康造成危害。

某些生物体内能合成 BaP，生物还可以通过食物链而将 BaP 浓缩。所以说 BaP 在自然界中广泛存在，极易污染食品。

三、苯并（a）芘对人体的危害

BaP 的毒性作用主要是它的致癌性。BaP 是最早发现的致癌物质，它可诱发多种肿瘤，也是一种致突变的化学物质，含有硝基的 BaP 毒性更大。

四、防止苯并（a）芘的污染及去毒措施

（一）改进食品加工方式

研制新型发烟器，能在更低的温度下产烟，以及用锯末代替木材作为燃料，并对烟进行过滤。这种发烟器所产的烟及其熏制的食品，其 BaP 的含量大大降低。

研制无烟熏制法，将各类鱼和灌肠制品用熏制液进行加工，它们既不含致癌性多环芳烃又能防腐，并赋予食材以熏制食品特有的色、香、味。

粮食作物收割后不在柏油公路等处脱粒或翻晒，以免被沥青污染；烘烤食品采用间接加热式远红外线照射以防止 BaP 污染食品。

机械转动部分应密封严密，防止润滑油滴漏在食品中，采用植物油替代矿物润滑油，以减少 BaP 对食品的污染，采用无毒无害的涂料涂敷容器。

（二）综合治理"三废"

加强环境污染的管理和监测工作，认真做好工业"三废"的综合利用和治理工作，

减少 BaP 对大气、土壤及水体的污染，以降低农作物中 BaP 的含量。

（三）去毒

对 BaP 含量高的食品原料应进行去毒。烟熏食品，除去表面的烟油使产品中 BaP 的含量减少 20% 左右。当食品烤焦时，应刮去表面烤焦部分之后食用。食品中 BaP 经日光或紫外线照射或臭氧等氧化剂处理，可使之失去致癌作用。活性炭是从油脂中除去 BaP 的优良吸附剂。粮谷类经碾磨加工去除表皮后，BaP 含量降低 40% ~ 60%。

五、食品中苯并（a）芘的测定方法

测定食品中 BaP 的方法有薄层色谱法、薄层扫描法、荧光分光亮度法、气相色谱法、高效液相色谱法。薄层色谱能分离纯净的 BaP，由于它无需特殊设备，是我国常用的测试技术，但仅能达到半定量的水平。薄层扫描法和荧光分光亮度法都是建立在薄层分离和纸层分离基础上的定量，灵敏度可达 0.1 μg/kg。而荧光分光亮度法是目前国际上公认的比较准确的方法，但溶液制备过程中容易造成 BaP 的损失而导致误差。若荧光与薄层色谱或荧光与纸色谱结合使用，将更加有利。高效液相色谱法为最近几年发展起来的方法，灵敏度可达 0.003 ng，它具有分析速度快和分离效率高的优点。气相色谱和气相色谱 – 质谱联用技术近年来广泛用于多环芳烃的测定，气相色谱法可在相当短的时间内测定出 PAH 的多种化合物。用此法测定 BaP 须使用高分辨的玻璃毛细管柱和火焰离子检测器，其优点是灵敏度高并与碳的质量呈性响应。气 – 质联用技术是鉴定 PAH 的最有效的方法，BaP 也可采用高效液相色谱配合紫外光谱进行检测。所以可根据实验室的条件自由地选择检验方法。

（一）荧光分光亮度法

试样先用有机溶剂提取，或经皂化后提取，再将提取液经液 – 液分配或色谱柱净化，然后在乙酰化滤纸上分离 BaP，因 BaP 在紫外光照射下呈蓝紫色荧光斑点，将分离后有 BaP 的滤纸部分剪下，用溶剂浸出后，用荧光分光亮度计测荧光强度与标准比较定量。

I. 试剂

①苯：重蒸馏；②环己烷（或石油醚，沸程 300℃ ~ 600℃）：重蒸馏或经氧化铝柱处理无荧光；③二甲基甲酰胺或二甲基亚矾；④无水乙醇：重蒸馏；⑤乙醇（95%）；⑥无水硫酸钠；⑦氢氧化钾；⑧丙酮：重蒸馏；⑨展开剂：乙醇（95%）– 二氯甲烷（2：1）；⑩硅镁型吸附剂层析用氧化铝（中性）：120℃活化 4h；⑪乙酰化滤纸；⑫BaP 标准溶液：精密称取 10.0mg BaP，用苯溶解后移入 100mL 棕色容量瓶中，并稀释至刻度，此溶液每毫升相当于苯并（a）在 100mg；⑬BaP 标准使用液：吸取 1.00 mL BaP 标准溶液置于 10

mL 容量瓶中，用苯稀释至刻度，同法依次用苯稀释，最后配成每毫升相当于 1.0 mg 及 0.1 μgBaP 两种标准使用液，放置冰箱中保存。

2. 仪器

①脂肪提取器；②层析柱：内径 10 mm，长 350 mm，上端有内径 25 mm，长 80 ~ 100 mm 内径漏斗，下端具有活塞；③层析缸（筒）；④ K-D 全玻璃浓缩器；⑤紫外光灯：带有波长为 365 nm 或 254 nm 的滤光片；⑥回流皂化装置；⑦组织捣碎机；⑧荧光分光光度计。

3. 试样提取

（1）粮食或水分少的食品

称取 40.0 ~ 60.0 g 粉碎过筛的试样，装入滤纸筒内，用 70mL 环己烷润湿试样，接收瓶内装 6 ~ 8g 氢氧化钾、100mL 乙醇（95%）及 60 ~ 80 mL 环己烷，然后将脂肪提取器接好，于 90℃水浴上回流提取 6 ~ 8 h，将皂化液趁热倒入 500 mL 分液漏斗中，并将滤纸筒中的环己烷也从支管中倒入分液漏斗，用 50 mL 乙醇（95%）分两次洗接收瓶，将洗液合并于分液漏斗。加入 100 mL 水，振摇提取 3 min，静置分层（约需 20 min），下层液放入第二分液漏斗，再用 70 mL 环己烷振摇提取一次，待分层后弃去下层液，将环己烷层合并于第一分液漏斗中，并用 6 ~ 8mL 环己烷淋洗第二分液漏斗，洗液合并。用水洗涤合并后的环己烷提取液三次，每次 100 mL，三次水洗液合并于原来的第二分液漏斗中，用环己烷提取两次，每次 30 mL，振摇 0.5 min，分层后弃去水层液，收集环己烷液并入第一分液漏斗中，于 50 ~ 60℃水浴上，减压浓缩至 40 mL，加适量无水硫酸钠脱水。

（2）植物油

称取 20.0 ~ 25.0 g 的混匀油样，用 100 mL 环己烷分次洗入 250 mL 分液漏斗中，以环己烷饱和过的二甲基甲酰胺提取三次，每次 40 mL，振摇 1 min，合并二甲基甲酰胺提取液，用 40 mL 经二甲基甲酰胺饱和过的环己烷提取一次，弃去环己烷液层。二甲基甲酰胺提取液合并于预先装有 240 mL 硫酸钠溶液（20 g / L）的 500 mL 分液漏斗中，混匀，静置数分钟后，用环己烷提取两次，每次 100 mL，振摇 3 min，环己烷提取液合并于第一个 500 mL 分液漏斗。也可用二甲基亚砜代替二甲基甲酰胺。用 40 ~ 50℃温水洗涤环己烷提取液两次，每次 100 mL，振摇 0.5 min，分层后弃去水层液，收集环己烷层，于 50℃ ~ 60℃水浴上减压浓缩至 40 mL，加适量无水硫酸钠脱水。

（3）鱼、肉及其制品

称取 50.0 ~ 60.0 g 切碎混匀的试样，再用无水硫酸钠搅拌（试样与无水硫酸钠的比例为 1：1 或 1：2，如水分过多则须在 60℃左右先将试样烘干），装入滤纸筒内，然后将脂肪提取器接好，加入 100mL 环己烷于 90 ℃水浴上回流提取 6 ~ 8h，然后将提取液倒入 250 mL 分液漏斗中，再用 6 ~ 8 mL 环己烷淋洗滤纸筒，洗液合并于 250 mL 分液漏斗中，以下操作同植物油样品操作过程。

（4）蔬菜

称取 100.0 g 洗净、晾干的可食部分的蔬菜，切碎放入组织捣碎机内，加 150 mL 丙酮，捣碎 2 min。在小漏斗上加少许脱脂棉过滤，滤液移入 500 mL 分液漏斗中，残渣用 50 mL 丙酮分数次洗涤，洗液与滤液合并，加 100 mL 水和 100mL 环己烷，振摇提取 2min，静置分层，环己烷层转入另一 500 mL 分液漏斗中，水层再用 100 mL 环己烷分两次提取，环己烷提取液合并于第一个分液漏斗中，再用 250mL 水，分两次振摇、洗涤，收集环己烷于 50 ~ 60℃水浴上减压浓缩至 25 mL，加适量无水硫酸钠脱水。

（5）饮料（如含二氧化碳先在温水浴上加温除去）

吸取 50.0 ~ 100.0 mL 试样于 500 mL 分液漏斗中，加 2 g 氯化钠溶解，加 50mL 环己烷振摇 1 min，静置分层，水层分于第二个分液漏斗中，再用 50mL 环己烷提取一次，合并环己烷提取液，每次用 100 mL 水振摇、洗涤两次，收集环己烷于 50 ~ 60℃水浴上减压浓缩至 25 mL，加适量无水硫酸钠脱水。

（6）糕点类

称取 50.0 ~ 60.0 g 磨碎试样，装于滤纸筒内，以下处理过程同粮食样品。

4. 净化

于层析柱下端填入少许玻璃棉，先装入 5 ~ 6 cm 的氧化铝，轻轻敲管壁使氧化铝层填实、无空隙，顶面平齐，再同样装入 5 ~ 6 cm 的硅镁型吸附剂，上面再装入 5 ~ 6 cm 无水硫酸钠，用 30 mL 环己烷淋洗装好的层析柱，待环己烷液面流下至无水硫酸钠层时关闭活塞。

将试样环己烷提取液倒入层析柱中，打开活塞，调节流速为 1mL/min，必要时可用适当方法加压，待环己烷液面下降至无水硫酸钠层时，用 30 mL 苯洗脱。此时应在紫外光灯下观察，以蓝紫色荧光物质完全从氧化铝层洗下为止，如 30 mL 苯不足时，可适当增加苯量。收集苯液于 50 ~ 60℃水浴上减压浓缩至 0.1 ~ 0.5 mL（可根据试样中 BaP 含量而定，应注意不可蒸干）。

5. 分离

在乙酰化滤纸条上的一端 5 cm 处，用铅笔画一横线为起始线，吸取一定量净化后的浓缩液，点于滤纸条上，用电吹风从纸条背面吹冷风，使溶剂挥散，同时点 BaP 的标准使用液（1 μg/mL），点样时斑点的直径不超过 3 mm，层析缸（筒）内盛有展开剂，滤纸条下端浸入展开剂约 1 cm，待溶剂前沿至约 20 cm 时取出阴干。

在 365 nm 或 254 nm 紫外光灯下观察展开后的滤纸条，用铅笔画出标准 BaP 及与其同一位置的试样的蓝紫色斑点，剪下此斑点分别放入小比色管中，各加 4 mL 苯加盖，插入 50℃ ~ 60℃水浴中不时振摇，浸泡 15 min。

6. 测定

将试样及标准斑点的苯浸出液移入荧光分光亮度计的石英杯中，以 365 nm 为激发光波长，以 365 ~ 460 nm 波长进行荧光扫描，将所得荧光光谱与标准 BaP 的荧光光谱比较定性。

与试样分析的同时做试剂空白，包括处理试样所用的全部试剂同样操作，分别读取试样、标准及试剂空白于波长 406 nm、（406+5）nm、（406-5）nm 处的荧光强度，按基线法由式（6-11）计算所得的数值，为定量计算的荧光强度。

$$F = F_{406} - \frac{F_{401} + F_{411}}{2}$$

（6-11）

试样中 BaP 的含量按式（6-12）进行计算。

$$X = \frac{\frac{S}{F} \times (F_1 - F_2)}{m \times \frac{V_2}{V_1} \times 1000}$$

（6-12）

式中：

X——试样中 BaP 的含量，μg/kg；

S——BaP 标准斑点的质量，μg；

F——标准的斑点浸出液荧光强度，nm；

F_1——试样斑点浸出液荧光强度，nm；

F_2——试剂空白浸出液荧光强度，nm；

V_1——试样浓缩液体积，mL；

V_2——点样体积，mL；

m——试样质量，g。

（二）目测比色法

试样经提取、净化后于乙酰化滤纸上层析分离 BaP，分离出的 BaP 斑点，在波长 365 nm 的紫外灯下观察，与标准斑点进行目测比色概略定量。所需要的试剂和仪器、试样的提取和净化同荧光亮度法。

吸取 5 μL、10 μL、15 μL、20 μL 或 50 μL 试样浓缩液及 10 μL、20 μL BaP 标准使用液（0.1 μg/mL），点于同一条乙酰化滤纸上，展开，取出阴干。于暗室紫外灯下目测比较，找出相当于标准斑点荧光强度的试样浓缩液体积，如试样含量太高，可稀释后再重点，尽量使试样浓度在两个标准斑点之间。试样中 BaP 的含量按式（6–13）进行计算。

$$X = \frac{m_2}{m_1 \times \frac{V_2}{V_1} \times 1000}$$

（6–13）

式中：

X——试样中 BaP 的含量，$\mu g/kg$；

m_2——试样斑点相当 BaP 的质量，μg；

V_1——试样浓缩总体积，mL；

V_2——点样体积，mL；

m_1——试样质量，g。

第四节　食品中亚硝胺类化合物的检验

凡是具 =N–N=O 这种基本结构的化合物统称为 N– 亚硝基化合物。亚硝胺是亚硝胺类化合物的简称，包括亚硝胺和亚硝酰胺两类。低分子量的亚硝胺在常温下是黄色液体，高分子量的亚硝胺为固体。除二甲基亚硝胺和二乙基亚硝胺外，均稍溶于水和脂肪，易溶于醇、醚和二氯甲烷等有机溶剂。

亚硝胺类化合物化学性质稳定，不易水解，在中性及碱性条件下较稳定，但在酸性溶液中及紫外光照射下可缓慢分解，在哺乳动物体内经酶解可转化为有致癌活性的代谢物。有的亚硝胺具有挥发性。

一、亚硝胺对食品的污染及毒性作用

食品中霉菌和细菌污染能促进亚硝胺的合成。胺类化合物在酸性介质中，经亚硝化作用易生成亚硝胺。在甲醛催化作用下，胺在碱性介质中也能发生亚硝化而生成亚硝胺。

各种亚硝胺化合物的毒性相差很大，对动物的毒性除少数为剧毒外，一般的毒性较低。亚硝胺类毒性随着烃链的延长而逐渐降低。亚硝胺对动物的毒性常因动物种属不同而异。亚硝胺的急性毒性主要是造成肝脏损伤，包括出血及小叶中心性坏死，还可引起肺出血等。

亚硝胺类化合物是一类强致癌物。目前尚未发现哪种动物能耐受亚硝胺而不致癌的。亚硝胺具有对任何器官诱发肿瘤的能力，被认为是最多面性的致癌物之一。亚硝胺还有致

突变和致畸作用。

二、防止食品中亚硝胺致癌的方法

从目前已知的动物实验和流行病学调查资料推测，亚硝胺和人类的癌症有一定关系。因此，降低食品中的亚硝胺，是预防人类肿瘤及保护人体健康的有效途径之一。

1. 阻断食品中亚硝胺。寻找一些阻断剂与亚硝酸盐反应而减少亚硝胺的合成，如食品加工过程中加入维生素 C 等。

2. 改进食品加工方法。在肉制品加工中，不用或尽量少用硝酸盐及亚硝酸盐。

3. 钼肥的利用。在土壤缺铝地区推广施用钼肥，降低粮食蔬菜中硝酸盐、亚硝酸盐的含量。

4. 改变饮食习惯。多吃新鲜蔬菜、水果及动物食品，特别增加膳食中充足的维生素，同时要注意少食用腌制蔬菜。

三、食品中亚硝胺的测定方法

食品中亚硝胺的含量一般很低，所以，应用痕量分析的方法才能满足需要。测定食品中痕量挥发性亚硝胺的方法，过去常用比色法、薄层色谱法和气相色谱法。比色法测定的是亚硝胺的总量，即在适当的化学条件下，利用亚硝胺分裂产生相应的二级胺和亚硝酸根，再进行重氮、偶合反应，然后比色测定。薄层色谱法和气相色谱法可测定单一亚硝胺的含量，其中薄层色谱可进行定性或半定量测定，也可作为亚硝胺的净化手段，然后将每个斑点刮下来，再使用其他更有效的方法进行测定（如气相色谱法）。气相色谱法是测定单一挥发性亚硝胺较有效的方法，其优点是灵敏度高，并能进一步分辨样品提取液中的亚硝胺和残留杂质。一般采用电子捕获检测器和氢火焰离子化检测器来进行定量分析。

20 世纪 70 年代以来，进一步采用了气相色谱 - 质谱联用技术，对亚硝胺类化合物的鉴定具有高的分辨率和特异性。可对单一亚硝胺进行准确的定性和定量测定，已逐渐为各国采用。但高分辨率的气质联用仪仅能在大型实验室配备，一般实验室难以承受，尽管气相色谱 - 热能分析仪法对亚硝胺不是绝对特异，但作为常规检测完全可以替代气相色谱 - 质谱联用法。

（一）气相色谱 - 热能分析仪法

试样中 N- 亚硝胺经硅藻土吸附或真空低温蒸馏，用二氯甲烷提取、分离，气相色谱 - 热能分析仪测定。自气相色谱仪分离后的亚硝胺在热解室中经特异性催化裂解产生 NO 基团，后者与臭氧反应生成激发态 NO^*。当激发态 NO^* 返回基态时，发射出近红外区光线（ $600 \sim 2\,800$ nm）。产生的近红外区光线被光电倍增管检测（ $600 \sim 800$ nm）。由于特异性催化裂解与冷阱或 CTR 过滤器除去杂质，使热能分析仪仅仅能检测 NO 基团，而成为亚硝胺特异性检测器。仪器的最低检出量为 0.1 ng，在试样取样量为 50g、浓缩体积为 0.5 mL、进样体积为 10μL 时，本方法的最低检出浓度为 0.1μg/kg；在取样量为 20g，浓缩体积为 1.0 mL、进样体积为 5μL 时，本方法的最低检出浓度为 1.0μg/kg。本法适用于啤酒中 N-亚硝基二甲胺含量的测定。

1. 试剂

①二氯甲烷；②氢氧化钠溶液（1 mol/L）；③硅藻土；④氮气；⑤盐酸（0.1 mol/L）；⑥无水硫酸钠；⑦ – 亚硝胺标准储备液（200 mg / L）：吸取 – 亚硝胺标准溶液 10μL（约相当于 10mg），置于已加入 5 mL 无水乙醇并称重的 50 mL 棕色容量瓶中，称量（准确到 0.000 1 g），用无水乙醇稀释定容，混匀；⑧ – 亚硝胺标准工作液（200μg / L）：吸取 – 亚硝胺标准储备液 100μL，置于 10 mL 棕色容量瓶中，用无水乙醇稀释定容，混匀。

2. 仪器

①气相色谱仪；②热能分析仪；③玻璃层析柱；④减压蒸馏装置；⑤ K–D 浓缩器；⑥恒温水浴锅。

3. 提取和浓缩

（1）硅藻土吸附法

称取 20.00 g 预先脱二氧化碳的试样于 50 mL 烧杯中，加 1mL 氢氧化钠溶液（1 mol/L）和 1 mL/N—亚硝基二丙胺内标工作液（200μg / L），混匀后备用。将 12g Extrelut 干法填于层析柱中，用手敲实。将啤酒试样装于柱顶。平衡 10 ～ 15 min 后，用 6×5 mL 二氯甲烷直接洗脱提取。

（2）真空低温蒸馏法

在双颈蒸馏瓶中加入 50.00 g 预先脱二氧化碳气的试样和玻璃珠，4mL 氢氧化钠溶液（1 mol/L），混匀后连接好蒸馏装置。在 53.3kPa 真空度低温蒸馏，待试样剩余 10 mL 左右时，把真空度调节到 93.9kPa，直至试样蒸至近干为止。把蒸馏液移入 250 mL 分液漏斗，加 4mL 盐酸（0.1 mol/L），用 20 mL 二氯甲烷提取三次，每次 3 min，合并提取液。用 10g 无水硫酸钠脱水。

浓缩时，将二氯甲烷提取液转移至 K–D 浓缩器中，于 55℃水浴上浓缩至 10mL，再以缓慢的氮气吹至 0.4 ～ 1.0 mL，备用。

4. 试样测定

（1）气相色谱条件

气化室温度 220 色谱柱温度 175℃，或从 75℃以每分钟 5% 的速度升至 175℃后维持。色谱柱内径 2 ～ 3 mm，长 2 ～ 3m 玻璃柱或不锈钢柱，内装涂以固定液质量分数为 10%

的聚乙二醇 20 mol/L 和氢氧化钾（10g / L）或质量分数为 13% 的 Carbowax20M/TPA 于载体 Chromosorb WAW—DMC s（80 ~ 100 目）。载气氮气，流速 20 ~ 40 mL/min。

（2）热能分析仪条件

接口温度 250℃，热解室温度 500℃，真空度 133 Pa ~ 266 Pa，冷阱用液氮调至 –150℃（可用 CTR 过滤器代替）。

测定时分别注入试样浓缩剂和 N– 亚硝胺标准工作液 5 ~ 10 μL，利用保留时间定性，峰高或峰面积定量。试样中 N– 亚硝基二甲胺的含量按式（6–14）进行计算。

$$X = h_1 \times V_2 \times c \times \frac{V}{h_2 \times V_1 \times m} \times 1000 \tag{6-14}$$

式中：

X——试样中 N– 亚硝基二甲胺的含量，μg/kg；

h_1——试样浓缩中 N– 亚硝基二甲胺的峰高（mm）或峰面积；

h_2——标准工作液中 N– 亚硝基二甲胺的峰高（mm）或峰面积；

c——标准工作液中 N– 亚硝基二甲胺的浓度，μg / L；

V_1——试样浓缩液的进样体积，μL；

V_2——标准工作液的进样体积，μL；

V——试样浓缩液的浓缩体积，μL；

m——试样的质量，g。

（二）气相色谱 – 质谱仪法

试样中的 N– 亚硝胺类的化合物经水蒸气蒸馏和有机溶剂萃取后，浓缩至一定量，采用气相色谱 – 质谱联用仪的高分辨峰匹配法进行确认和定量。本法适用于酒类、肉及肉制品、蔬菜、豆制品、茶叶等食品中 N– 亚硝基二甲胺、N– 亚硝基二乙胺、N– 亚硝基二丙胺及 N– 亚硝基吡咯烷含量的测定。

I. 试剂

①二氯甲烷：应用全玻璃蒸馏装置重蒸；②无水硫酸钠；③氯化钠：优级纯；④硫酸（1+3）；⑤氢氧化钠溶液（120 g / L）；⑥– 亚硝胺标准溶液：用二氯甲烷作为溶剂，分别配制 – 亚硝基二甲胺、– 亚硝基二乙胺、– 亚硝基二丙胺及 – 亚硝基吡咯烷的标准溶液，使每毫升分别相当于 0.5 mg– 亚硝胺；⑦– 亚硝胺标准使用液：在四个 10 mL 容量瓶中，加入适量二氯甲烷，用微量注射器各吸取 100 μL– 亚硝胺标准溶液，分别置于上述四个容量瓶中，用二氯甲烷稀释至刻度；⑧耐火砖颗粒：将耐火砖破碎，取直径为 1 ~ 2mm 的

颗粒，分别用乙醇、二氯甲烷清洗后，在马弗炉中（400℃）灼烧 1 h，做助沸石使用。

2. 仪器

①水蒸气蒸馏装置；② K–D 浓缩器；③气相色谱 – 质谱联用仪。

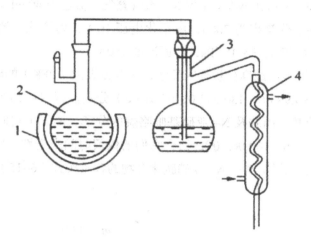

图 6-3　水蒸气蒸馏装置

1- 加热器；2-2000 mL 水蒸气发生器；3-1000mL 蒸馏瓶；4- 冷凝器

3. 分析步骤

（1）水蒸气蒸馏

称取 200 g 切碎（或绞碎、粉碎）后的试样，置于水蒸气蒸馏装置的蒸馏瓶中（液体试样不加水），摇匀。在蒸馏瓶中加入 120 g 氯化钠，充分摇动，使氯化钠溶解。将蒸馏瓶与水蒸气发生器及冷凝器连接好，并在锥形接受瓶中加入 40 mL 二氯甲烷及少量冰块，收集 400 mL 馏出液（图 6-3）。

（2）萃取纯化

在锥形接收瓶中加入 80 g 氯化钠和 3 mL 的硫酸（1+3），搅拌使氯化钠完全溶解。然后转移到 500 mL 分液漏斗中，振荡 5 min，静止分层，将二氯甲烷层分至另一锥形瓶中，再用 120 mL 二氯甲烷分三次提取水层，合并四次提取液，总体积为 160 mL。对含有较高浓度乙醇的试样，如蒸馏酒、配制酒等，应用 50 mL 氢氧化钠溶液（120 g／L）洗有机层两次，以除去乙醇的干扰。

（3）浓缩

将有机层用 10 g 无水硫酸钠脱水后，转移至 K–D 浓缩器中，加入一粒耐火砖颗粒，于 50℃水浴上浓缩 1 mL，备用。

（三）气相色谱 - 质谱联用测定条件

色谱条件气化室温度 190℃，色谱柱温度对 N- 亚硝基二甲胺、N- 亚硝基二乙胺、N-亚硝基二丙胺、N- 亚硝基吡咯烷分别 130℃、145℃、130℃、160℃。色谱柱内径 1.8 ~ 3.0 mm，长 2m 的玻璃柱，内装质量分数为 15% 的 PEG–20M 固定液和氢氧化钾溶液（10 g / L）的 80 ~ 100 目 Chromosorb WAW–DWCs。载气氦气，流速为 40 mL/min。

质谱仪条件：分辨率为 7000，离子化电压 70 V，离子化电流 300mA，离子源温度 180℃，离子源真空度 1.33×10^{-4}Pa，界面温度 180℃。

测定采用电子轰击源高分辨峰匹配法，用全氟煤油（PFK）的碎片离子（它们的质荷比为 68.995 27，99.993 6，130.992 0，99.993 6）分别监视 N- 亚硝基二甲胺、N- 亚硝基二乙胺、N- 亚硝基二丙胺及 N- 亚硝基吡咯烷的分子、离子（它们的质荷比为 74.048 0，102.079 3，130.110 6，100.063 0），结合它们的保留时间来定性，以示波器上该分子、离子的峰高来定量。试样中某一 N- 亚硝胺化合物的含量按式（6–15）进行计算。

$$X = \frac{h_1}{h_2} \times c \times \frac{V}{m} \times \frac{1}{1000}$$

（6–15）

式中：

X——试样中某一 N- 亚硝胺化合物的含量，$\mu g/kg$ 或 $\mu g / L$；

h_1——浓缩液中该 N- 亚硝胺化合物的峰高，mm；

h_2——标准使用液中该 N- 亚硝胺化合物的峰高，mm；

c——标准使用液中该 N- 亚硝胺化合物的浓度，$\mu g/mL$；

V——试样浓缩液的体积，mL；

m——试样质量或体积，g 或 mL。

第五节　食品中多氯联苯的检验

一、多氯联苯的性质及危害

多氯联苯，简称 PCBs，物理性质表现为淡黄色或无色，具有黏性的浓稠液体，一般经过水生生物食物链产生富集现象，在被污染流域的鱼体内浓度可积累至几万或者几十万倍。中毒表现为弱化皮肤组织、神经传导系统、肝脏的正常生理功能，导致体内钙离子代谢紊乱,造成骨骼、牙齿损伤,长期不去除会有逐渐致癌和诱发遗传变异等恶性后果的可能。

多氯联苯在我国的污染总体上以水体最为严重;大气中的多氯联苯多以气态存在,悬浮颗粒物中含量极低,主要集中于个别城市,总体情况较国外来说,污染程度暂时较轻;土壤污染的后果最严重,但是目前关于土壤多氯联苯污染的报道较少,自20世纪80年代我国叫停PCBs的生产之后,污染主要集中于废旧电力设备拆解集散地区。

多氯联苯难溶于水且具有亲脂性,河流的底泥中一般PCBs的含量比水体中高很多倍。虽然目前尚无淡水沉积物中有机污染物质量控制标准,但沉积物中PCBs含量在10ng/g以上就认定有污染,50 ng/g以上为中度污染。由于水生生物体内富集的PCBs浓度与水体沉积物PCBs浓度在同一数量级上,国际上已经开始通过对海洋中水生生物体内PCBs的含量测定,掌握其生长海域中PCBs的污染情况。研究表明,水体底泥中累积的PCBs会通过食物链逐级放大,在水生生物体内蓄积,并对人类健康产生巨大威胁,因为人类接触的PCBs有90%来自食物。

二、稳定性同位素稀释的气相色谱－质谱法测定食品中多氯联苯

(一)原理

应用稳定性同位素稀释技术,在试样中加入 $^{13}C_{12}$ 标记的PCBs作为定量标准,经过索氏提取后的试样溶液经柱色谱层析净化、分离,浓缩后加入回收内标,使用气相色谱—低分辨质谱联用仪,以四极杆质谱选择离子监测(SIM)或离子阱串联质谱多反应监测(MRM)模式进行分析,内标法定量。

(二)试剂和材料

(1)试剂:①正己烷(C_6H_{14}):农残级;②二氯甲烷(CH_2Cl_2):农残级;③丙酮(C_3H_6O):农残级;④甲醇(CH_3OH):农残级;⑤异辛烷(C_8H_{18}):农残级;⑥无水硫酸钠(Na_2SO_4):优级纯;⑦硫酸(H_2SO_4):含量95%~98%,优级纯;⑧氢氧化钠(NaOH):优级纯;⑨硝酸银($AgNO_3$):优级纯;⑩色谱用硅胶(75μm~250μm)⑪44%酸化硅胶:称取活化好的硅胶100 g,逐滴加入78.6 g硫酸,振摇至无块状物后,装入磨口试剂瓶中,干燥器中保存;⑫33%碱性硅胶:称取活化好的硅胶100g,逐滴加入49.2g1mol/L的氢氧化钠溶液,振摇至无块状物后,装入磨口试剂瓶中,干燥器中保存;⑬10%硝酸银硅胶:将5.6 g硝酸银溶解在21.5 mL去离子水中,逐滴加入50 g活化硅胶中,振摇至无块状物后,装入棕色磨口试剂瓶中,干燥器中保存;⑭碱性氧化铝:色谱层析用碱性氧化铝,660℃烘烤6h后,装入磨口试剂瓶中,干燥器中保存。

(2)标准溶液:①时间窗口确定标准溶液(表6-1):由各氯取代数的PCBs在DB-

5ms色谱柱上第一个出峰和最后一个出峰的同族化合物组成；②定量内标标准溶液（表6-2）；③回收率内标标准溶液（表6-3）；④校正标准溶液（表6-4）；⑤精确度和准确度实验标准溶液（表6-5）。

表6-1　GC-Ms方法测定的指示性多氯联苯时间窗口确定标准溶液

化合物	氯原子数	浓度 mg/L
Biphenyl	0	2.5 ± 0.25
PCB1	1	2.5 ± 0.25
PCB3	1	2.5 ± 0.25
PCB10	2	2.5 ± 0.25
PCB15	2	2.5 ± 0.25
PCB30	3	2.5 ± 0.25
PCB37	3	2.5 ± 0.25
PCB54	4	2.5 ± 0.25
PCB77	4	2.5 ± 0.25
PCB104	5	2.5 ± 0.25
PCB126	5	2.5 ± 0.25
PCB155	6	2.5 ± 0.25
PCB169	6	2.5 ± 0.25
PCB188	7	2.5 ± 0.25
PCB189	7	2.5 ± 0.25
PCB194	8	2.5 ± 0.25
PCB202	8	2.5 ± 0.25
PCB206	9	2.5 ± 0.25
PCB208	9	2.5 ± 0.25
PCB209	10	2.5 ± 0.25

表 6-2　GC-Ms 方法中指示性多氯联苯定量内标的标准溶液

化合物	氯原子数	浓度 mg／L
$^{13}C_{12}$—PCB28	3	2.0
$^{13}C_{12}$—PCB52	4	2.0
$^{13}C_{12}$—PCB118	5	2.0
$^{13}C_{12}$—PCB153	6	2.0
$^{13}C_{12}$—PCB180	7	2.0
$^{13}C_{12}$—PCB202	8	2.0
$^{13}C_{12}$—PCB206	9	2.0
$^{13}C_{12}$—PCB209	10	2.0
$^{13}C_{12}$—PCB101	5	2.0
C_{12}—PCB194	8	2.0

表 6-3　GC-Ms 方法中指示性多氯联苯回收率内标的标准溶液

化合物	氯原子数	浓度 mg／L
$^{13}C_{12}$—PCB101	5	2.0
$^{13}C_{12}$—PCB194	8	2.0

表 6-4　GC-Ms 方法中指示性多氯联苯系列标准溶液

目标化合物		浓度 μg/L				
		Cs1	Cs2	Cs3	Cs4	Cs5
天然化合物	PCB18	20	50	200	800	2000
	PCB28	20	50	200	800	2000
	PCB33	20	50	200	800	2000
	PCB52	20	50	200	800	2000
	PCB44	20	50	200	800	2000
	PCB70	20	50	200	800	2000
	PCB101	20	50	200	800	2000
	PCB118	20	50	200	800	2000
	PCB105	20	50	200	800	2000
	PCB153	20	50	200	800	2000
	PCB138	20	50	200	800	2000
	PCB128	20	50	200	800	2000
	PCB187	20	50	200	800	2000
	PCB180	20	50	200	800	2000
天然化合物	PCB170	20	50	200	800	2000
	PCB199	20	50	200	800	2000
	PCB195	20	50	200	800	2000
	PCB194	20	50	200	800	2000
	PCB206	20	50	200	800	2000
	PCB209	20	50	200	800	200

同位素标记的定量内标	$^{13}c_n$—PCB180	400	400	400	400	400
	$^{13}C_{12}$—PCB202	400	400	400	400	400
	$^{13}C_{12}$—PCB206	400	400	400	400	400
	$^{13}C_{12}$—PCB209	400	400	400	400	400
	$^{13}C_1$—PCB28	400	400	400	400	400
	$^{13}C_{12}$—PCB52	400	400	400	400	400
同位素标记的定量内标	$^{13}C_{12}$—PCB118	400	400	400	400	400
	$^{13}C_{12}$—PCB153	400	400	400	400	400
同位素标记的回收率内标	$^{13}C_{12}$—PCB101	400	400	400	400	400
	$^{13}C_{12}$—PCB194	400	400	400	400	400

表 6-5 GC-Ms 方法中指示性多氯联苯精确度和准确度试验标准溶液

化合物	浓度 mg / L	化合物	浓度 mg / L
PCB18	100	PCB138	100
PCB28	100	PCB128	100
PCB33	100	PCB187	100
PCB52	100	PCB180	100
PCB44	100	PCB170	100
PCB70	100	PCB199	100
PCB101	100	PCB195	100
PCB118	100	PCB194	100
PCB1O5	100	PCB206	100
PCB153	100	PCB209	100

（三）仪器和设备

①色谱－四极杆质谱联用仪（GC-Ms）或气相色谱－离子阱串联质谱联用仪（GC-Ms/Ms）；②色谱柱：DB—5ms 柱，30 m×0.25 mm×0.25 μm，或等效色谱柱；③组织匀浆器；④绞肉机；⑤旋转蒸发；⑥氮气浓缩器；⑦超声波清洗器；⑧振荡器；⑨分析天平：感量为 0.1 g；⑩玻璃仪器的准备。

（四）分析步骤

I. 试样制备

（1）预处理

a. 用避光材料，如铝箔、棕色玻璃瓶等包装现场采集的试样，并放入小型冷冻箱中运输到实验室，−10℃以下低温冰箱保存。

b. 固体试样如鱼、肉等可使用冷冻干燥或使用无水硫酸钠干燥并充分混匀。油脂类可直接溶于正己烷中进行净化处理。

（2）提取

a. 提取前，将一空纤维素或玻璃纤维提取套筒装入索氏提取器中，以正己烷＋二氯甲烷（50+50）为提取溶剂，预提取 8 h 后取出晾干。

b. 将预处理试样 5.0 ~ 10.0 g 装入上述处理的提取套筒中，加入 $^{13}C_{12}$ 标记的定量内标，用玻璃棉盖住试样，平衡 30 min 后装入索氏提取器，以适量正己烷＋二氯甲烷（50+50）为提取溶剂，提取 18 ~ 24 h，回流速度控制在每小时 3 ~ 4 次。

c. 提取完成后，将提取液转移到茄形瓶中，旋转蒸发浓缩至近干。如分析结果以脂肪计则需要测定试样的脂肪含量。

d. 脂肪含量的测定：浓缩前准确称重茄形瓶，将溶剂浓缩至干后准确称重茄形瓶，两次称重结果的差值为试样的脂肪量。测定脂肪量后，加入少量正己烷溶解瓶中残渣。

（3）净化

a. 酸性硅胶柱净化：净化柱装填：玻璃柱底端用玻璃棉封堵后从底端到顶端依次填入 4g 活化硅胶、10g 酸化硅胶、2g 活化硅胶、4g 无水硫酸钠，然后用 100 mL 正己烷预淋洗。

净化：将浓缩的提取液全部转移至柱上，用约 5 mL 正己烷冲洗茄形瓶 3 ~ 4 次，洗液转移至柱上。待液面降至无水硫酸钠层时加入 180 mL 正己烷洗脱，洗脱液浓缩至约 1 mL。

如果酸化硅胶层全部变色,表明试样中脂肪量超过了柱子的负载极限。洗脱液浓缩后,制备一根新的酸性硅胶净化柱,重复上述操作,直至硫酸硅胶层不再全部变色。

b. 复合硅胶柱净化:净化柱装填:玻璃柱底端用玻璃棉封堵后从底端到顶端依次填入 1.5g 硝酸银硅胶、1g 活化硅胶、2g 碱性硅胶、1g 活化硅胶、4g 酸化硅胶、2g 活化硅胶、2 g 无水硫酸钠。然后用 30 mL 正己烷 + 二氯甲烷(97+3)预淋洗。

净化:将经过净化后的浓缩洗脱液全部转移至柱上,用约 5 mL 正己烷冲洗茄形瓶 3 ~ 4 次,洗液转移至柱上。待液面降至无水硫酸钠层时加入 50 mL 正己烷 + 二氯甲烷(97+3)洗脱,洗脱液浓缩至约 1 mL。

c. 碱性氧化铝柱净化:净化柱装填:玻璃柱底端用玻璃棉封堵后从底端到顶端依次填入 2.5 g 经过烘烤的碱性氧化铝、2 g 无水硫酸钠,然后用 15 mL 正己烷预淋洗。

净化:将经过净化后浓缩洗脱液全部转移至柱上,用约 5 mL 正己烷冲洗茄形瓶 3 ~ 4 次,洗液转移至柱上。当液面降至无水硫酸钠层时加入 30 mL 正己烷(2×l5mL)洗脱柱子,待液面降至无水硫酸钠层时加入 25 mL 二氯甲烷 + 正己烷(5+95)洗脱。洗脱液浓缩至近干。

(4)上机分析前的处理

将净化后的试样溶液转移至进样小管中,在氮气流下浓缩,用少量正己烷洗涤茄形瓶 3 ~ 4 次,洗涤液也转移至进样内插管中,氮气浓缩至约 50μL,加入适量回收率内标,然后封盖待上机分析。

2. 仪器参考条件

(1)色谱条件

a. 色谱柱:采用 30m 的 DB-5ms(或相当于 DB—5m s 的其他类型)石英毛细管柱进行色谱分离,膜厚为 0.25μm,内径为 0.25 mm;b. 采用不分流方式进样时,进样口温度为 300℃;c. 色谱柱升温程序如下:初始温度为 100Y,保持 2 min;以每分钟 15 ℃升温至 180℃;以每分钟 3℃升温至 240℃;以每分钟 10℃升温至 285℃,并保持 10 min;d. 使用高纯氦气(纯度 > 99.999%)作为载气。

(2)质谱参数

a. 四极杆质谱仪

电离模式:电子轰击源(EI),能量为 70 eV。

离子检测方式:选择离子监测(SIM),检测 PCBs 时选择的特征离子为分子离子,见表 6–6。

离子源温度为 250℃,传输线温度为 280℃,溶剂延迟为 10 min。

表6-6　四极杆质谱仪选择离子监测（SIM）的特征离子及同位素丰度比

同族化合物	母离子（m/z）	子离子（m/z）	理论丰度比
t_3cb	258	186/188	2.00
t_4cb	292	220/222	1.00
p_5cb	326	254/256	0.67
h_6CB	360	288/290	0.50
h_7CB	396	324/326	1.00
o_8CB	430	358/360	0.80
N_9CB	464	392/394	0.67
$D_{10}CB$	498	426/428	0.55
$^{13}c_{12}—t_3cb$	270	198/200	2.00
$^{13}c_{12}—t_4cb$	304	232/234	1.00
$^{13}c_{12}—p_5cb$	338	266/268	0.67
$^{13}c_{12}—h_6CB$	372	300/302	0.50
$^{13}c_{12}—h_7CB$	408	336/338	1.00
$^{13}c_{12}—o_8CB$	442	370/372	0.80
$^{13}c_{12}—N_9CB$	476	404/406	0.67
$^{13}c_{12}—D_{10}CB$	510	438/440	0.55

b. 离子阱质谱仪

电离模式：电子轰击源（EI），能量为70 eV。

离子检测方式：多反应监测（MRM），检测PCBs时选择的母离子为分子离子（M+2或M+4），子离子为分子离子丢掉两个氯原子后形成的碎片离子（M—2Cl），见表6-7。

表 6-7　串联离子阱质谱仪多重反应监测（MRM）的特征离子及同位素丰度比

同族化合物	母离子（m/z）	子离子（m/z）	理论丰度比
t_3cb	258	186/188	2.00
t_4cb	292	220/222	1.00
p_5cb	326	254/256	0.67
h_6CB	360	288/290	0.50
h_7CB	396	324/326	1.00
o_8CB	430	358/360	0.80
N_9CB	464	392/394	0.67
$D_{10}CB$	498	426/428	0.55
$^{13}c_{12}-t_3cb$	270	198/200	2.00
$^{13}c_{12}-t_4cb$	304	232/234	1.00
$^{13}c_{12}-p_5cb$	338	266/268	0.67
$^{13}c_{12}-h_6CB$	372	300/302	0.50
$^{13}c_{12}-h_7CB$	408	336/338	1.00
$^{13}c_{12}-o_8CB$	442	370/372	0.80
$^{13}c_{12}-N_9CB$	476	404/406	0.67
$^{13}c_{12}-D_{10}CB$	510	438/440	0.55

离子阱温度为 220℃，传输线温度 280℃，歧盒温度 40℃。

（3）灵敏度检查

进样 1 μL（20pg）CsI 溶液，检查 GC-Ms 灵敏度。要求 3 至 7 氯取代的各化合物检测离子的信噪比应达到 3 以上；否则，应重新进行仪器调谐，直至符合规定。

（4）PCBs 的定性和定量

① PCBs 色谱峰的确认要求：所检测的色谱峰信噪比应在 3 以上。

②监测的两个特征离子的丰度比应在理论范围之内。

③检查色谱峰对应的质谱图，当浓度足够大时，应存在丢掉两个氯原子的碎片离子（M–70）。

④检查色谱峰对应的质谱图，对三氯联苯至七氯联苯色谱峰中，不能存在分子离子加两个氯原子的碎片离子（M+70）。

⑤被确认的PCBs保留时间应处在通过分析窗口确定标准溶液预先确定的时间窗口内。时间窗口确定标准溶液由各氯取代数的PCBs在DB–5ms色谱柱上第一个出峰和最后一个出峰的同族化合物组成。使用确定的色谱条件、采用全扫描质谱采集模式对窗口确定标准溶液进行分析（1μL），根据各族PCBs所在的保留时间段确定时间窗口。由于在DB–5ms色谱柱上存在三族PCBs的保留时间段重叠的现象，因此在单一时间窗口内需要对不同族PCBs的特征离子进行检测。为保证分析的选择性和灵敏度要求，在确定时间窗口时应使一个窗口中检测的特征离子尽可能少。

（5）分析结果的表述

①本标准中对PCB28、PCB52、PCB118、PCB153、PCB180、PCB206和PCB209使用同位素稀释技术进行定量，对其他目标化合物采用内标法定量；对定量内标的回收率计算使用内标法。本标准所测定的20种目标化合物包括了PCBs工业产品中的大部分种类。从三氯联苯到八氯联苯每族三个化合物，九氯联苯和十氯联苯各一个。每族使用一个$^{13}C_{12}$标记化合物作为定量内标。计算定量内标回收率的回收内标为两个在计算定量内标的回收率时，$^{13}C_{12}$–PCB101作为$^{13}C_{12}$–PCB28、$^{13}C_{12}$–PCB52、$^{13}C_{12}$–1PCB18和$^{13}C_{12}$–PCB153的回收率内标，$^{13}C_{12}$–PCB194作为$^{13}C_{12}$–PCB180、$^{13}C_{12}$–PCB202、$^{13}C_{12}$–PCB206和PCB209的回收率内标。

②相对响应因子（RRF）：本方法采用RRF进行定量计算，使用校正标准溶液计算RRF值，计算公式见式（6–16）和式（6–17）。

$$RRF_n = \frac{An \times Cs}{As \times Cn}$$

$$（6-16）$$

$$RRF_r = \frac{As \times Cr}{Ar \times Cs}$$

$$（6-17）$$

式中：

RRF_n——目标化合物对定量内标的相对响应因子；

A_n——目标化合物的峰面积；

C_s——定量内标的浓度，单位为微克每升（μg/L）；

A_s——定量内标的峰面积；

C_u——目标化合物的浓度，单位为微克每升（μg/L）；

RRF_r——定量内标对回收内标的相对响应因子；

A_r——回收率内标的峰面积；

C_r——回收率内标的浓度，单位为微克每升（$\mu g/L$）。

各化合物五个浓度水平的RRF值的相对标准偏差（RsD）应小于20%。达到这个标准后，使用平均RRF_n和平均RRF_r进行定量计算。

③含量计算：试样中PCBs含量的计算公式见式（6-18）。

$$C_n = \frac{A_n \times m_s}{A_s \times RRF_n \times m}$$

（6-18）

式中：

C_n——试样中PCBs的含量，单位为微克每千克（$\mu g/kg$）；

A_n——目标化合物的峰面积；

m_s——试样中加入定量内标的量，单位为纳克（ng）；

A_s——定量内标的峰面积；

RRT_n——目标化合物对定量内标的相对响应因子；

m——取样量，单位为克（g）。

第七章 食品中添加剂的检验

第一节 食品添加剂的概述

食品添加剂是指为改善食品品质和色、香、味，以及为防腐和加工工艺的需要而加入食品中的化学合成或天然物质。由于食品工业的快速发展，食品添加剂已经成为现代食品工业的重要组成部分，并且已经成为食品工业技术进步和科技创新的重要推动力。在食品添加剂的使用中，除保证其发挥应有的功能和作用外，最重要的是应保证食品的安全卫生。

一、食品添加剂的定义

《中华人民共和国食品安全法》对食品添加剂的定义是：为改善食品品质和色、香、味以及为防腐、保鲜和加工工艺的需要而加入食品中的人工合成或者天然物质，包括营养强化剂。

在 GB 2760-2014《食品安全国家标准食品添加剂使用标准》中定义：食品添加剂是为改善食品品质和色、香、味以及为防腐、保鲜和加工工艺的需要而加入食品中的人工合成或者天然物质。食品用香料、胶基糖果中基础剂物质、食品工业用加工助剂也包括在内。

食品添加剂具有三个特征：一是加入食品中的物质，因此，它一般不单独作为食品来食用；二是既包括人工合成的物质，也包括天然物质；三是加入食品中的目的是为改善食品品质和色、香、味以及为防腐、保鲜和加工工艺的需要。

二、食品添加剂的作用

（一）有利于提高食品的质量

随着人们的生活水平日益提高，人们对食品的品质要求也越来越高，不但要求食品有良好的色、香、味、形，而且还要求食品具有合理的营养结构。这就需要在食品中添加合适的食品添加剂。食品添加剂对食品质量的影响主要有以下三个方面：

l. 提高食品的储藏性，防止食品腐败变质

大多数食品都来自动植物，对各种生鲜食品，若不及时加工或加工不当，往往会发生腐败变质，失去原有的食用价值。适当地使用食品添加剂，可以防止食品的败坏，延长保质期。例如抗氧化剂可阻止或推迟食品的氧化变质，以提高食品的稳定性和耐藏性，例如在油脂中加入抗氧化剂就是防油脂氧化变质；防腐剂可以防止由微生物引起的食品腐败变质，延长食品的保存期，同时还具有防止由微生物污染引起的食物中毒作用，例如，在酱油中加入防腐剂苯甲酸就是为防止酱油变质。

2. 改善食品的感官性状

食品的色、香、味、形态和质地是衡量食品质量的重要指标。在食品加工中，若适当使用护色剂、着色剂、漂白剂、食用香料及增稠剂、乳化剂等食品添加剂，能改良食品的形态和组织结构，可以明显提高食品的感官性状。例如着色剂可赋予食品诱人的色泽，增稠剂可赋予饮料所要求的稠度。

3. 保持和提高食品的营养价值

食品质量的高低与其营养价值密切相关。防腐剂和抗氧化剂在防止食品腐败变质的同时，对保持食品的营养价值也有一定的作用。在加工食品中适当地添加食品营养强化剂，可以大大提高食品的营养价值。这对防止营养不良和营养缺乏、促进营养平衡具有重要意义。例如，人们喜爱的精制粮食制品中都会缺乏一定的维生素，若用食品添加剂来补充维生素，可以使精制食品的营养更合理。

（二）有利于食品加工，适应生产的机械化和自动化

在食品的加工中使用食品添加剂，有利于食品加工。如面包加工中，膨松剂是必不可少的基料；制糖工业中添加乳化剂，可缩短糖膏煮炼时间，消除泡沫，提高过饱和溶液的稳定性，使晶粒分散、均匀，降低糖膏黏度，提高热交换系数，稳定糖膏，进而提高糖果的产量与质量；采用葡萄糖酸内脂做豆腐的凝固剂，有利于豆腐生产机械化和自动化。

（三）有利于满足不同特殊人群的需要

研究开发食品必须考虑如何满足不同人群的需要，对糖尿病人的一些食品，可以用无热量或低热量的非营养性甜味剂做食品甜味剂，例如糖醇类甜味剂山梨糖醇、非糖天然甜味剂甜菊糖、人工合成甜味剂天门冬酰苯丙氨酸甲酯等可通过非胰岛素机制进入果糖代谢途径。实验证明这些食品添加剂不会引起血糖升高，所以是糖尿病人的理想甜味剂。

（四）有利于原料的综合利用

各类食品添加剂可以使原来认为只能被丢弃的东西得到重新利用，并开发出物美价廉的新型食品。例如，食品厂制造罐头的果渣、菜浆经过回收，加工处理，而后加入适量的维生素、香料等添加剂，可制成便宜可口的果蔬汁。又如生产豆腐的副产品豆渣，加入适当的添加剂，可以生产出膨化食品。

总之，食品添加剂成就了现代食品工业。添加和使用食品添加剂是现代食品加工生产的需要，对防止食品腐败变质，保证食品供应，繁荣食品市场，满足人们对食品营养、质量以及色、香、味的追求，起到了重要作用。食品添加剂已成为食品加工行业中的"秘密武器"。

三、食品添加剂的分类

按来源分，食品添加剂可分为天然食品添加剂和化学合成食品添加剂两类。前者是指利用动植物或微生物的代谢产物等为原料，经提取所获得的天然物质。后者是指利用各种化学反应如氧化、还原、缩合、聚合、成盐等得到的物质。其又可分为一般化学合成品与人工合成天然等同物，如胡萝卜素、叶绿素铜钠就是通过化学方法得到的天然等同色素。

食品添加剂按功能分为 22 类：01 酸度调节剂、02 抗结剂、03 消泡剂、04 抗氧化剂、05 漂白剂、06 膨松剂、07 胶基糖果中基础剂物质、08 着色剂、09 护色剂、10 乳化剂、11 酶制剂、12 增味剂、13 面粉处理剂、14 被膜剂、15 水分保持剂、16 防腐剂、17 稳定和凝固剂、18 甜味剂、19 增稠剂、20 食品用香料、21 食品工业用加工助剂、22 其他。

我国相关行政管理部门还将不定期地以公告形式公布新批准的食品添加剂名单及其使用范围、使用限量。

四、食品添加剂的发展趋势

（一）研究开发天然食品添加剂

绿色食品是当今食品发展的一大潮流，天然食品添加剂是这一潮流中的主角，当前，人们对食品安全问题越来越关注，大力开发天然、安全、多功能食品添加剂，不仅有益消费者的健康，而且能促进食品工业的发展。在我国有保健作用的天然抗氧化剂（如绿茶萃取物、甘草萃取物）的市场日益增长。

（二）研究开发新技术

很多传统的食品添加剂本身有很好的使用效果，但由于制造成本高，产品价格昂贵，应用受到限制，迫切需要开发一些新技术，如研究生物工程技术、膜分离技术、吸附分离技术、微胶囊技术在食品添加剂生产中的应用，以促进食品添加剂质量的提高。

（三）研究复配食品添加剂

生产实践表明，很多复配食品添加剂可以产生增效作用或派生出一些新的效用，研究复配食品添加剂不仅可以降低食品添加剂的用量，而且可以进一步改善食品的品质，提高食品的食用安全性，其经济意义和社会意义是不言而喻的。

第二节　食品添加剂使用标准

一、GB 2760-2014《食品安全国家标准食品添加剂使用标准》对食品添加剂的要求及使用原则

食品添加剂用于食品行业，其安全性至关重要。很多食品中都含有不同品种的食品添加剂。如食用油中含有抗氧化剂，豆腐和香干等豆制品中含有消泡剂及凝固剂，面粉中含有面粉处理剂，方便面中含有色素和增筋剂，酱油中含有防腐剂和防霉剂，饮料中含有甜味剂和酸度调节剂，牛奶饮料中含有稳定剂等。可见，随着食品工业的发展，人们对食品的色、香、味、形、营养等质量要求越来越高，随着食品进入人体的添加剂数量和种类也越来越多，食品添加剂已经广泛存在于我们日常消费的食品之中，因此食品添加剂的安全使用极为重要。据此，对食品添加剂的一般要求和使用原则如下：

（一）食品添加剂使用要求

食品添加剂使用时应符合以下基本要求：
①不应对人体产生任何健康危害；
②不应掩盖食品腐败变质；
③不应掩盖食品本身或加工过程中的质量缺陷或以掺杂、掺假、伪造为目的而使用食品添加剂；
④不应降低食品本身的营养价值；
⑤在达到预期目的前提下尽可能降低在食品中的使用量。

（二）可使用食品添加剂的情况

①保持或提高食品本身的营养价值；

②作为某些特殊膳食食用食品的必要配料或成分；

③提高食品的质量和稳定性，改进其感官特性；

④便于食品的生产、加工、包装、运输或贮藏。

（三）食品添加剂质量标准

按照 GB 2760–2014 使用的食品添加剂应当符合相应的质量规格要求。

（四）带入原则

①在下列情况下食品添加剂可以通过食品配料（含食品添加剂）带入食品中：

a. 根据本标准，食品配料中允许使用该食品添加剂；

b. 食品配料中该添加剂的用量不应超过允许的最大使用量；

c. 应在正常生产工艺条件下使用这些配料，并且食品中该添加剂的含量不应超过由配料带入的水平；

d. 由配料带入食品中该添加剂的含量应明显低于直接将其添加到该食品中通常所需要的水平。

二、正确认识食品添加剂

（一）食品添加剂并不危害食品安全

在超市或商店里，我们经常看见一些食品的包装上标有"本产品不含添加剂、不含防腐剂"的字样。实际上，凡经相关行政管理部门批准的食品添加剂，都经过了安全性评价和危险性评估，只要按照规定的使用范围、使用量添加到食品中，对消费者的健康是有安全保障的。

如食品添加剂硫酸铝钾，长期食用硫酸铝钾含量超标的食品，硫酸铝钾产生蓄积，铝离子会影响人体对铁、钙等成分的吸收，导致骨质疏松、贫血，甚至影响神经细胞的发育，严重的会对人体细胞的正常代谢产生影响，引发老年人痴呆。正在成长和智力发育过程中的儿童，过量食用铝超标食品会严重影响其骨骼和智力发育。

（二）不允许使用并不意味着不得检出

某种食品添加剂不允许在某食品中使用，并不等于不得检出。除了带入因素外，食品贮存过程中某些成分发生分解或者食品天然含有该成分，就有可能在食品中检出该成分或组分。

如亚硝酸钠作为食品添加剂，有规定的使用范围以及最大使用量和残留量，不允许在酱腌菜中添加。但萝卜、大白菜、雪里蕻、大头菜、莴笋、甜菜、菠菜、芹菜、大白菜、小白菜、洋白菜、菜花等"嗜硝酸盐"类蔬菜能从施用氮肥的土壤中浓集硝酸盐，硝酸盐含量较高。以这些蔬菜为原料做酱腌菜，在腌制过程中蔬菜中的硝酸盐就还原成为亚硝酸盐，特别是腌至 7 ~ 8d 时，含量最高，因此在酱腌菜食品会检出亚硝酸盐。

（三）非食用物质不是食品添加剂

部分公众对食品添加剂闻之色变，甚至存在将食品添加剂等同于有毒有害物质的认识误区，其原因主要是因为概念上的混淆，将食品中违法添加的非食用物质误认为食品添加剂。食品添加剂是用于改善食物品质、口感用的可食用物质，而非食用物质是禁止使用和向食品中添加的。例如，苏丹红、孔雀石绿、三聚氰胺等都不是食品添加剂。

（四）允许添加不代表无限制添加

对安全性较高的某些食品添加剂品种，标准中往往没有最大使用量的限值规定，而是规定按照生产需要适量使用。在这种情况下，同样应该在正常生产工艺条件下，在达到该添加剂预期效果前提下，尽可能降低在食品中的使用量，而不是想添多少就添加多少。

总之，随着现代食品工业的崛起，食品添加剂的地位日益突出，尽管部分食品安全事件的确与食品添加剂有关，但应正确区分"食品添加剂"与"非食用物质"，不能因"剂"废食，谈"剂"色变就更没有必要，食品添加剂对食品工业发展的贡献不可估量。

三、食品中可能违法添加的非食用物质和易滥用的食品添加剂

原国家卫生部先后发布了五批《食品中可能违法添加的非食用物质和易滥用的食品添加剂品种名单》(以下简称《名单》)，可能违法添加的非食用物质 47 种，易滥用的食品添加剂 22 种，经收集整理如表 7-1、表 7-2 所示。

《名单》的制定与公布，是为了帮助食品生产企业、各相关监管部门和全社会更加有针对性地及时发现和整治违法添加行为。打击违法添加非食用物质和滥用食品添加剂的行为，就是要加强各个环节的监管；一是要强化企业的主体责任意识；二是要规范食品生产经营行为，指导企业正确使用食品添加剂；三是有针对性地实施相应的监管措施。各食品安全监管部门要加强对各环节的系统排查，凡发现企业存放、私藏与食品生产经营无关的化学品或可疑物质，要及时调查送检。

表 7-1　食品中可能违法添加的非食用物质名单

序号	俗称	学名	可能添加的食品品种	危害
1	吊白块	甲醛合次硫酸氢钠	腐竹、粉丝、面粉、竹笋	吊白块的毒性与其分解时产生的甲醛有关。人长期接触低浓度甲醛蒸汽可出现头晕、乏力、嗜睡、食欲减退、视力下降等。甲醛的致癌性已引起国内外的高度关注
2	苏丹红	苏丹红Ⅰ、Ⅱ、Ⅲ、Ⅳ	辣椒粉、含辣椒类的食品（辣椒酱、辣味调味品）	苏丹红是一种化学染色剂，具有致癌性，对人体的肝肾器官具有明显的毒性作用。由于苏丹红用后不容易褪色，可以弥补辣椒放置久后变色，保持辣椒鲜亮的色泽，一些不法企业将玉米等植物粉末用苏丹红染色后，混在辣椒粉中以降低成本
3	王金黄、块黄	碱性橙	腐皮	致癌物：它比其他水溶性染料（如柠檬黄、日落黄等）更易于在豆腐以及水产品上染色且不易褪色。过量摄取、吸入以及皮肤接触该物质均会造成急性和慢性的中毒伤害
4	蛋白精	三聚氰胺	乳及乳制品	造成生殖泌尿系统损害。添加到奶粉中，可造成奶类产品蛋白质含量高的假象，误导消费者动物摄入过量三聚氰胺会出现泌尿系统结石，婴幼儿摄入导致不明原因哭闹、血尿、少尿或无尿、尿中排出结石、尿痛、排尿困难及高血压等
5	硼酸与硼砂	硼醋钠	腐竹、肉丸、凉粉、凉皮、面条、饺子皮	硼砂进入体内后经过胃酸作用就转变为硼酸，而硼酸在人体内有积存性，妨害消化道的酶的作用，其急性中毒症状为呕吐、腹泻、休克、昏迷等所谓硼酸症。硼砂中的硼对细菌的DNA合成有抑制作用，但同时对人体内的DNA也会产生伤害
6	硫氰酸钠	硫氰酸钠	乳及乳制品	少量食入就会对人体造成极大伤害，轻度中毒表现为口唇及咽部麻木，出现呕吐、震颤等；重度中毒表现为意识丧失，出现强直性和阵发性抽搐，血压下降，尿、便失禁，常伴发脑水肿和呼吸衰竭。原料乳或奶粉中掺入硫氰酸钠后可有效地抑菌、保鲜
7	玫瑰红B	罗丹明B	调味品	罗丹明B被用作调味品染色剂。导致人体皮下组织生肉瘤，具有致癌和致突变性
8	美术绿	铅铬绿	茶叶	可对人的中枢神经、肝、肾等器官造成极大损害，并会引发多种病变
9	碱性嫩黄	盐基槐黄	豆制品	可引起结膜炎、皮炎和上呼吸道刺激症状，人接触或者吸入都会引起中毒

序号	俗称	学名	可能添加的食品品种	危害
10	福尔马林	工业用甲醛	海参、鱿鱼等干水产品、血豆腐	不法商贩用甲醛浸泡海参、鱿鱼等水产品，以改善水产品的外观和质地。甲醛为较高毒性的物质，食用含甲醛成分的食品严重时可导致癌症
11	工业用火碱	氢氧化钠	海参、鱿鱼等干水产品，生鲜乳	工业用火碱对人体危害巨大，属剧毒化学品，具有极强的腐蚀性，还存在致癌、致畸形和引发基因突变的潜在危害，只须食用1.95g就能致人死亡
12	一氧化碳	一氧化碳	金枪鱼、三文鱼	导致食用者急性肠道疾病，严重的还会引起食物中毒，多食甚至能损伤肾功能
13	臭碱	硫化钠	味精	食用后在胃肠道中能分解出硫化氢，引起硫化氢中毒
14	工业硫黄	硫	白砂糖、辣椒、蜜饯、银耳、龙眼等	硫与氧结合生成二氧化硫，遇水后变成亚硫酸。亚硫酸进入食品，破坏食品中的维生素并能影响人体对钙的吸收，熏蒸食品如使用工业用硫会发生更严重的中毒
15	工业染料	工业染料	玉米粉、熟肉制品	对人体的神经系统和膀胱等有致癌作用
16	大烟	罂粟壳	火锅底料及小吃类	如果长期食用含有毒品的食物，会出现发冷、乏力等症状，严重时可能对神经系统等造成损害，甚至会出现内分泌失调等症状，对人体肝脏、心脏有一定的毒害
17	革皮水解物		乳与乳制品含乳饮料	皮革水解物是由废品皮革用石灰糅制后生成，常含有重铬酸钾和重铬酸钠，用这种原料生产水解蛋白会产生大量重金属六价铬有毒化合物，被人体吸收危害人体健康
18	溴酸钾		小麦粉	对眼睛、皮肤、黏膜有刺激性；口服后可引起恶心、呕吐、胃痛、咯血、腹泻等
19	β-内酰胺酶	金玉兰酶制剂	乳与乳制品	β-内酰胺酶类物质破用作牛奶中抗生素的分解剂，添加到乳与乳制品中起到掩蔽抗生素的作用，所有乳制品生产企业严禁在产品中添加此类物质
20	霉克星	富马酸二甲酯	糕点	是一种工业消毒剂，会损害肠道、内脏和引起过敏，尤其对儿童的成长发育会造成很大危害
21	地沟油	废弃食用油脂	食用油脂	经高温加热的油脂，不仅不易被机体吸收，而且还妨碍对同时进食的其他食物的吸收。黄曲霉毒素等多种有毒有害成分大大增加，其中多环芳烃等致癌物质也开始形成。人们食用掺兑餐饮业废油的食用油时，最初会出现头晕、恶心、呕吐、腹泻等中毒症状。如长期食用，轻者会使人体营养缺乏，重者内脏严重受损甚至致癌

续表

序号	俗称	学名	可能添加的食品品种	危害
22	工业用矿物油		陈化大米	工业用矿物油，其目的是使大米色泽靓丽，矿物油是石油裂解的产物，含有多种有毒、有害的物质。食入后将对人体产生潜在的危害
23	工业明胶		冰淇淋、肉皮冻等	神经系统中毒，出现头晕、失眠、腹泻、皮炎等症状，且易在肝、肾积累
24	工业酒精	工业甲醛	勾兑假酒	对脑神经细胞造成损伤，引发智力障碍，甚至致人伤残、死亡
25	敌敌畏	2-二氯乙烯磷酸酯	火腿、鱼干、咸鱼等制品	不法商贩将敌敌畏用于火腿防腐，敌敌畏为广谱性杀虫、杀螨剂
26	毛发水		酱油等	毛发中含有砷、铅等有害物质，对人体的生殖系统等有毒副作用，可以致癌。加工过程中也会产生一些有害致癌物质
27	工业用乙酸	工业醋酸	勾兑食醋	工业冰醋酸使食醋可能会产生游离矿酸、重金属砷、铅超标，轻者食用以后会造成消化不良腹泻，长期食用会危害身体健康
28	瘦肉精	肾上腺素受体激动剂类药物	猪肉、牛羊肉及肝脏等	使用后会在猪体组织中形成残留，其主要危害是：出现肌肉震颤、心慌、战栗、头疼、呕吐等症状，特别是对高血压、心脏病、甲亢和前列腺肥大等疾病患者危害更大，严重的可导致死亡
29	硝基呋喃类药物	呋喃唑酮、呋喃它酮等	猪肉、禽肉、动物性水产品	呋喃它酮为强致癌性药物，呋喃唑酮具中等强度致癌性。呋喃唑酮可以诱发乳腺癌和支气管癌，能降低胚胎的成活率。硝基呋喃类化合物是直接致变剂，它不用附加外源性激活系统就可以引起细菌的突变
30	畜大壮	玉米赤霉醇	牛羊肉及肝脏、牛奶	用于畜牧业生产作为促生长剂。该物质在动物组织中的残留会引起人体性机能紊乱及影响第二性征的正常发育，在外部条件诱导下，还可能致癌
31	抗生素残渣	抗生素类药物	猪肉	残留抗生素的动物产品长期食用后，可在体内蓄积，经常食用含有抗生素的"有抗食品"，微量的也可能使人出现荨麻疹或过敏性症状及其他不良反应；长期食用"有抗食品"，耐药性也会不知不觉增强，将来一旦患病，很可能就无药可治
32	镇静剂	巴比妥类	猪肉	镇静剂残留在猪肉里，人吃了会产生副作用，如恶心、呕吐、口舌麻木等。如果残留的量比较大，还可能出现心跳过快、呼吸抑制，甚至有短时间的精神失常

序号	俗称	学名	可能添加的食品品种	危害
33	荧光增物质	荧光增白剂	双孢蘑菇、金针菇、白灵菇、面粉	荧光染料，可提高食物、纤维织物和纸张等白度。荧光物质一旦进入人体，会对人体造成伤害，如果剂量达到一定程度还可能使细胞发生变异，成为潜在致癌因素
34	工业氯化镁	工业氯化镁	木耳	经过工业氯化镁处理的木耳用手一掰容易变得粉碎，尝起来还有一点甜味，工业氧化镁是金属类的化学物质，食用后会对身体造成损害
35	磷化铝	磷化铝	木耳	吸入磷化氢气体引起头晕、头痛、乏力；食入产生磷化氢中毒，有胃肠道症状，以及发热、畏寒、兴奋及心律紊乱，严重者有气急、少尿、抽搐、休克及昏迷等
36	馅料原料漂白剂	二氧化硫脲	焙烤食品	接触二氧化硫脲时请佩戴橡胶手套及口罩，虽然对身体没有毒害，但少数过敏体质的人容易引起湿疹。接触后注意露在外面的皮肤用水充分洗净
37	酸性橙Ⅱ	酸性橙Ⅱ	黄鱼、腌卤肉制品、红壳瓜子等	酸性橙Ⅱ是一种化学染色剂，其染色效果好，色泽鲜亮，但人食用后可中毒致癌。因此，日常在购买卤制品的过程中应避免选择颜色过于鲜亮的食品
38	氯霉素	氯霉素	肉制品、猪肠衣等	氯霉素属于国家严禁使用的渔药，长期食用含有氯霉素残留物的水产品会对人体产生致癌危害
39	喹诺酮类	诺氟沙星依诺沙星	麻辣烫类食品	这类药物添加在麻辣这类食品中主要是防止人食用该类食物后细菌中毒，引起肠胃不适等。但是这类药物的滥用会使人体细菌产生耐药性，所以需要作为检测的重点
40	水玻璃	硅酸钠	面制品	人食用后可能会出现恶心、呕吐、头疼等症状，还可能对内脏造成损害。误食则会对人体的肝脏造成危害
41	孔雀石绿	三苯甲烷类化学物	鱼类	孔雀石绿是有毒的三苯甲烷类化学物，可致癌，既是染料也是杀菌剂，渔民将其用于防治鱼类真菌感染，运输商将其用作消毒以延长鱼类的存活时间
42	乌洛托品	六甲四胺	腐竹、米线等	对胃有刺激性，服用时间过长有时可能产生尿频、血尿等副作用
43	五氯酚钠		河蟹	症状有肌肉强直性痉挛、血压下降等，昏迷、可致死。皮肤接触可致接触性皮炎
44	倍育诺快育灵	喹乙醇	水产养殖饲料	由于喹乙醇有中度至明显的蓄积毒性，对大多数动物有明显的致畸作用，对人也有潜在致畸形，致突变，致癌。喹乙醇在美国和欧盟都被禁止用作饲料添加剂

续表

序号	俗称	学名	可能添加的食品品种	危害
45	碱性黄	N，N-二甲基苯胺	大黄鱼	长期过量食用，将对人体肾脏、肝脏造成损害甚至致癌
46	磺胺二甲嘧啶	磺胺类药物	叉烧肉类	长期食用可能损伤肝脏功能
47	敌百虫	O,O-二甲基-（2，2，2-三氯-1-羟基乙基）膦酸酯	腌制食品	食用含有敌百虫农药的腌制品，剂量较大的容易发生急性中毒；剂量较小的若长期食用，毒素能在人体内蓄积，形成慢性中毒，以致损害肝、肾等内脏器官

表7-2　食品中可能滥用的食品添加剂品种名单

注：滥用食品添加剂的行为包括超量使用或超范围使用食品添加剂的行为

序号	食品品种	可能易滥用的添加剂品种	危害
1	渍菜（泡菜等）葡萄酒	着色剂（胭脂红、柠檬黄、诱惑红、日落黄）等	食用色素容易在体内积蓄导致慢性中毒，过多色素会妨碍神经系统的冲动传导，还是癌症的潜在诱因
2	水果冻、蛋白冻类	着色剂、防腐剂、酸度调节剂	使用不当有副效应，长期过量摄入会对身体造成损害
3	腌菜	着色剂、防腐剂、甜味剂	摄入过量对人体的肝脏和神经系统造成危害
4	面点、月饼	乳化剂、防腐剂、着色剂、甜味剂	摄入过量容易引起代谢紊乱等或引起慢性疾病
5	面条，饺子皮	面粉处理剂	过多食用后肝、肾会出现病理变化，生长和寿命都将受到影响
6	糕点	膨松剂、增稠剂、甜味剂	对人体肝脏和神经系统造成危害
7	馒头	漂白剂（硫黄）	长期积累会危害人体造血功能，使胃肠道中毒，甚至会毒害神经系统，损害心脏、肾脏功能
8	油条	膨松剂（硫酸铝钾、硫酸铝铵）	长期食用含量超标食品会引起神经系统病变，影响儿童发育
9	肉制品和卤制熟食、腌肉料和嫩肉粉类产品	护色剂（硝酸盐、亚硝酸盐）	亚硝酸盐与人体血液作用，形成高铁血红蛋白，从而使血液失去携氧功能，使人缺氧中毒

10	小麦粉	二氧化钛、硫酸铝钾	在多种器官都可能产生蓄积，易引起老年痴呆、智力下降等
11	小麦粉	滑石粉	长期食用会导致口腔溃疡等，使用过量或长期食用有致癌性
12	臭豆腐	硫酸亚铁	对呼吸道等有刺激性。大量服用引起肺及肝受损、昏迷等
13	乳制品（除干酪外）	山梨酸	山梨酸不超量是很安全的，如果超标严重长期服用，在一定程度上会危害肾、肝脏的健康
14	乳制品（除干酪外）	纳他霉素 商业名称为"霉克"	长期超量食用会引发多种疾病，短期过量食用会中毒
15	蔬菜干制品	硫酸铜	可引起急性铜中毒
16	"酒类"（配制酒除外）	甜蜜素	经常食用甜蜜素含量超标食品，对肝脏和神经系统造成危害，且有致癌、致畸等副作用
17	"酒类"	安赛蜜	对肝脏和神经系统造成危害，如果短时间内大量食用，会引起血小板减少导致急性大出血
18	面制品和膨化食品	硫酸铝钾、硫酸铝铵	长期食用会造成体内铝超标，引起进食者神经系统病变等
19	鲜瘦肉	胭脂红	对肝肾脾有危害
20	大黄鱼、小黄鱼	柠檬黄	大量食用含柠檬黄超标的食品，会在体内蓄积伤害肾、肝脏
21	陈粮、米粉等	焦亚硫酸钠	破坏 B 族维生素，引起腹泻，严重时会毒害肝、肾脏
22	烤鱼片、冷冻虾、烤虾、鱼干、鱿鱼丝、蟹肉等	亚硫酸钠	食用了超量使用亚硫酸钠的食品会发生多发性神经炎与骨髓萎缩等症状，对成长有阻碍作用

第三节 常用食品添加剂

一、防腐剂

防腐剂是防止食品腐败变质，延长食品储存期的物质。防腐剂一般分为酸型防腐剂、酯型防腐剂和生物防腐剂。

（一）酸型防腐剂

常用的有苯甲酸、山梨酸和丙酸（及其盐类）。这类防腐剂的抑菌效果主要取决于它们未解离的酸分子，其效力随 pH 值而定，酸性越大，效果越好，在碱性环境中几乎无效。

1.苯甲酸及其钠盐

苯甲酸又名安息香酸。由于其在水中溶解度低，故多使用其钠盐，成本低廉。

苯甲酸进入机体后，大部分在 9 ~ 15 h 内与甘氨酸化合成马尿酸而从尿中排出，剩余部分与葡萄糖醛酸结合而解毒。但由于苯甲酸钠有一定的毒性，目前已逐步被山梨酸钠替代。

2.山梨酸及其盐类

又名花楸酸。由于在水中的溶解度有限，故常使用其钾盐。山梨酸是一种不饱和脂肪酸，可参与机体的正常代谢过程，并被同化产生二氧化碳和水，故山梨酸可看成是食品的成分，按照目前的资料可以认为对人体是无害的。

3.丙酸及其盐类

抑菌作用较弱，使用量较高。常用于面包糕点类，价格也较低廉。

丙酸及其盐类，其毒性低，可认为是食品的正常成分，也是人体内代谢的正常中间产物。

4.脱氢醋酸及其钠盐

为广谱防腐剂，特别是对霉菌和酵母的抑菌能力较强，为苯甲酸钠的 2 ~ 10 倍。本品能迅速被人体吸收，并分布于血液和许多组织中。但有抑制体内多种氧化酶的作用，其安全性受到怀疑，故已逐步被山梨酸所取代，其 ADI 值尚未规定。

（二）酯型防腐剂

包括对羟基苯甲酸酯类（有甲、乙、丙、异丙、丁、异丁、庚等）。成本较高。对霉菌、酵母与细菌有广泛的抗菌作用。对霉菌和酵母的作用较强，但对细菌特别是革兰氏阴性杆菌及乳酸菌的作用较差。作用机理为抑制微生物细胞呼吸酶和电子传递酶系的活性，以及破坏微生物的细胞膜结构。其抑菌的能力随烷基链的增长而增强；溶解度随酯基碳链长度的增加而下降，但毒性则相反。但对羟基苯甲酸乙酯和丙酯复配使用可增加其溶解度，且有增效作用，在胃肠道内能迅速完全吸收，并水解成对羟基苯甲酸而从尿中排出，不在体内蓄积。我国目前仅限于应用丙酯和乙酯。

（三）生物型防腐剂

主要是乳酸链球菌素。乳酸链球菌素是乳酸链球菌属微生物的代谢产物，可用乳酸链球菌发酵提取而得。乳酸链球菌素的优点是在人体的消化道内可为蛋白水解酶所降解，因而不以原有的形式被吸收入体内，是一种比较安全的防腐剂，不会像抗生素那样改变肠道正常菌群，以及引起常用其他抗生素的耐药性，更不会与其他抗生素出现交叉抗性。

其他防腐剂包括双乙酸钠，既是一种防腐剂，也是一种螯合剂。对谷类和豆制品有防止霉菌繁殖的作用。二氧化碳分压的增高，影响需氧微生物对氧的利用，能终止各种微生物呼吸代谢，如果食品中存在着大量二氧化碳可改变食品表面的 pH 值，而使微生物失去生存的必要条件。但二氧化碳只能抑制微生物生长，而不能杀死微生物。

在 GB 2760-2014《食品安全国家标准食品添加剂使用标准》中列出的主要防腐剂，如表 7-3 所示。

表 7-3　防腐剂名称、使用范围及在标准 GB 2760-2014 中的页码

防腐剂名称	使用范围	页码
苯甲酸及其钠盐	风味冰、冰棍类，果酱（罐头除外），蜜饯凉果、腌渍的蔬菜，胶基糖果，除胶基糖果以外的其他糖果，调味糖浆，醋，酱油，酱及酱制品，复合调味料，半固体复合调味料，液体复合调味料（不包括 12.03，12.04），浓缩果蔬汁（浆）（仅限食品工业用），果蔬汁（浆）类饮料，蛋白饮料，碳酸饮料，茶、咖啡、植物（类）饮料，特殊用途饮料，风味饮料，配制酒，果酒（以上以苯甲酸计）	5
丙酸及其钠盐、钙盐	豆类制品，原粮，生湿面制品（如面条、饺子皮、馄饨皮、烧麦皮），面包，糕点，醋，酱油，其他（杨梅罐头加工工艺用）（以上以丙酸计）	7
单辛酸甘油酯	生湿面制品（如面条、饺子皮、馄饨皮、烧麦皮），糕点，焙烤食品馅料及表面用挂浆（仅限豆馅），肉灌肠类	10

续表

对羟基苯甲酸酯类及其钠盐（对羟基苯甲酸甲酯钠，对羟基苯甲酸乙酯及其钠盐）	经表面处理的鲜水果，果酱（罐头除外），经表面处理的新鲜蔬菜，焙烤食品馅料及表面用挂浆（仅限糕点馅），热凝固蛋制品（如蛋黄酪、松花蛋肠），醋，酱油，酱及酱制品，虾油、鱼露等，果蔬汁（浆）类饮料，碳酸饮料，风味饮料（仅限果味饮料）（以上以对羟基苯甲酸计）	12
二甲基二碳酸盐（又名维果灵）	果蔬汁（浆）类饮料，碳酸饮料，茶（类）饮料，风味饮料（仅限果味饮料），其他饮料类（仅限麦芽汁发酵的非酒精饮料）	15
2，4-二氯苯氧乙酸	经表面处理的鲜水果，经表面处理的新鲜蔬菜，残留量≤ 2.0 mg/kg	16
二氧化碳	除胶基糖果以外的其他糖果，饮料类，配制酒，其他发酵酒类（充气型），按生产需要适量使用	19
ε-聚赖氨酸	焙烤食品，熟肉制品，果蔬汁类及其饮料	43
ε-聚赖氨酸盐酸盐	水果、蔬菜（包括块根类）、豆类、食用菌、藻类、坚果以及籽类等，大米及其制品，小麦粉及其制品，杂粮制品，肉及肉制品，调味品，饮料类	43
联苯醚（又名二苯醚）	经表面处理的鲜水果（仅限柑橘类），残留量≤ 12 mg/kg	51
纳他霉素	干酪和再制干酪及类似品，糕点，酱卤肉制品类，熏、烧、烤肉类，油炸肉类，西式火腿（熏烤、烟熏、蒸煮火腿）类，肉满肠类，发酵肉制品类，蛋黄酱、沙拉酱，果蔬汁（浆），发酵酒	64
溶菌酶	干酪和再制干酪及其类似品，发酵酒	70
肉桂醛	经表面处理的鲜水果	71
乳酸链球菌素	乳及乳制品（01.01.01，01.01.02，13.0 涉及品种除外），食用菌和藻类罐头，杂粮罐头，其他杂粮制品（仅限杂粮灌肠制品），方便米面制品（仅限方便湿面制品），方便米面制品（仅限米面灌肠制品），预制肉制品，熟肉制品，熟制水产品（可直接食用），蛋制品（改变其物理性状），醋，酱油，酱及酱制品，复合调味料，饮料类（14.01 包装饮用水除外）	71

山梨酸及其钾盐	干酪和再制干酪及其类似品，氢化植物油，人造黄油（人造奶油）及其类似制品（如黄油和人造黄油混合品），风味冰、冰棍类，经表面处理的鲜水果，果酱，蜜饯凉果，经表面处理的新鲜蔬菜，腌渍的蔬菜，加工食用菌和藻类，豆干再制品，新型豆制品（大豆蛋白膨化食品、大豆素肉等），胶基糖果，除胶基糖果以外的其他糖果，其他杂粮制品（仅限杂粮灌肠制品），方便米面制品（仅限米面灌肠制品），面包，糕点，焙烤食品馅料及表面用挂浆，熟肉制品，肉灌肠类，预制水产品（半成品），风干、烘干、压干等水产品，熟制水产品（可直接食用），其他水产品及其制品，蛋制品（改变其物理性状），调味糖浆，醋，酱油，酱及酱制品，复合调味料，饮料类（14.01 包装饮用水类除外），浓缩果蔬汁（浆）（仅限食品工业用），乳酸菌饮料，配制酒，配制酒（仅限青稞干酒），葡萄酒，果酒，果冻，胶原蛋白肠衣（以上以山梨酸计）	75
双乙酸钠（又名二醋酸钠）	豆干类，豆干再制品，原粮，粉圆，糕点，预制肉制品，熟肉制品，熟制水产品（可直接食用），调味品，复合调味料，膨化食品	78
脱氢乙酸及其钠盐（又名脱氢醋酸及其钠盐）	黄油和浓缩黄油，腌渍的蔬菜，腌渍的食用菌和藻类，发酵豆制品，淀粉制品，面包，糕点，焙烤食品馅料及表面用挂浆，预制肉制品，熟肉制品，复合调味料，果蔬汁（浆）（以上以脱氢乙酸计）	90
稳定态二氧化氯	经表面处理的鲜水果，经表面处理的新鲜蔬菜，水产品及其制品（包括鱼类、甲壳类、贝类、软体类、棘皮类等水产及其加工制品）（仅限鱼类加工）	91
液体二氧化碳（煤气化法）	碳酸饮料，其他发酵酒类（充气型）	101
乙氧基喹	经表面处理的鲜水果	102

二、护色剂

护色剂又称发色剂，是能与肉及肉制品中呈色物质作用，使之在食品加工、保藏等过程中不致分解、破坏，呈现良好色泽的物质。

（一）护色剂的发色作用和抑菌作用

1. 发色作用

为使肉制品呈鲜艳的红色，在加工过程中多添加硝酸盐（钠或钾）或亚硝酸盐。硝酸盐在细菌硝酸盐还原酶的作用下，还原成亚硝酸盐。亚硝酸盐在酸性条件下会生成亚硝酸。在常温下，也可分解产生亚硝基（NO），此时生成的亚硝基会很快与肌红蛋白反应生成稳定的、鲜艳的、亮红色的亚硝化肌红蛋白，故使肉可保持稳定的鲜艳。

2.抑菌作用

亚硝酸盐在肉制品中，对抑制微生物的增殖有一定的作用，如对肉毒梭状孢杆菌有特殊的抑制作用。

（二）护色剂的应用

亚硝酸盐是添加剂中急性毒性较强的物质之一，是一种剧毒药，可使正常的血红蛋白变成高铁血红蛋白，失去携带氧的能力，导致组织缺氧。其次，亚硝酸盐为亚硝基化合物的前体物，其致癌性引起了国际社会的注意，因此各方面要求把硝酸盐和亚硝酸盐的添加量，在保证发色的情况下，限制在最低水平。

抗坏血酸与亚硝酸盐有高度亲和力，在体内能防止亚硝化作用，从而几乎能完全抑制亚硝基化合物的生成。所以在肉类腌制时添加适量的抗坏血酸，有可能防止生成致癌物质。

虽然硝酸盐和亚硝酸盐的使用受到了很大限制，但至今国内外仍在继续使用。其原因是亚硝酸盐对保持腌肉制品的色、香、味有特殊作用，迄今未发现理想的替代物质。更重要的原因是亚硝酸盐对肉毒梭状芽孢杆菌有抑制作用。

在 GB 2760-2014《食品安全国家标准食品添加剂使用标准》中列出的主要护色剂，如表 7-4 所示。

表 7-4　护色剂名称、功能、使用范围、最大使用量及在标准 GB 2760-2014 中的页码

护色剂名称	功能	使用范围	最大使用量（g/kg）	备注	页码
葡萄糖酸亚铁	护色剂	腌渍的蔬菜（仅限橄榄）	0.15	以铁计	68
硝酸钠、硝酸钾	护色剂、防腐剂	腌腊肉制品类（如咸肉、腊肉、板鸭、中式火腿、腊肠），酱卤肉制品类，熏、烧、烤肉类，油炸肉类，西式火腿（熏烤、烟熏、蒸煮火腿）类，肉灌肠类，发酵肉制品类	0.5	以亚硝酸钠（钾）计，残留量≤30 mg/kg	93
亚硝酸钠、亚硝酸钾	护色剂、防腐剂	腌腊肉制品类（如咸肉、腊肉、板鸭、中式火腿、腊肠），酱卤肉制品类，熏、烧、烤肉类，油炸肉类，西式火腿（熏烤、烟熏、蒸煮火腿）类，肉灌肠类，发酵肉制品类，肉罐头	0.15	以亚硝酸计，残留量≤30 mg/kg	95

三、漂白剂

漂白剂是能够破坏、抑制食品的发色因素，使其褪色或使食品免于褐变的物质，可分为还原型和氧化型两类，目前，我国使用的大都是以亚硫酸类化合物为主的还原型漂白剂。这类物质均能产生二氧化硫（SO_2），通过 SO_2 的还原作用而使食品褪色漂白，同时还具有防腐和抗氧化作用。如 SO_2 遇水形成亚硫酸，由于亚硫酸的强还原性，能消耗果蔬组织中的氧，抑制氧化酶的活性，可防止果蔬中的维生素 C 的氧化破坏。

亚硫酸盐在人体内可被代谢成为硫酸盐，通过解毒过程从尿中排出，亚硫酸盐这类化合物不适用于动物性食品，以免产生不愉快的气味。亚硫酸盐对维生素 B 有破坏作用，故 B_1 含量较多的食品如肉类、谷物、乳制品及坚果类食品也不适合。

在《食品安全国家标准食品添加剂使用标准》GB 2760-2014 中列出的主要漂白剂，如表 7-5 所示。

表 7-5　漂白剂名称、功能、使用范围、最大使用量及在标准 GB 2760-2014 中的页码

漂白剂名称	功能	使用范围	最大使用量 /（g/kg）	备注	页码
二氧化硫、焦亚硫酸钾、焦亚硫酸钠、亚硫酸钠，亚硫酸氢钠、低亚硫酸钠	漂白剂、防腐剂、抗氧化剂	经表面处理的鲜水果，蔬菜罐头（仅限竹笋、酸菜），干制的食用菌和藻类，食用菌和藻类罐头（仅限蘑菇罐头），坚果与籽类罐头，生湿面制品（如面条、饺子皮、馄饨皮、烧麦皮）（仅限拉面），冷冻米面制品（仅限风味派），调味糖浆，半固体复合调味料，果蔬汁（浆），果蔬汁（浆）类饮料	0.05	最大使用量以二氧化硫残留量计	17
		水果干类，腌渍的蔬菜，可可制品、巧克力和巧克力制品（包括代可可脂巧克力及制品）以及糖果、饼干、食糖	0.1		
		蜜饯凉果	0.35		
		干制蔬菜、腐竹类（包括腐竹、油皮等）	0.2		
		干制蔬菜（仅限脱水马铃薯）	0.4		
		食用淀粉	0.03		
		淀粉糖（果糖、葡萄糖、饴糖、部分转化糖等）	0.04		
		葡萄酒、果酒	0.25 g / L	甜型葡萄酒及果酒系列产品最大使用量为 0.4 g / L、最大使用量以二氧化硫残留量计	
		啤酒和麦芽饮料	0.01	最大使用量以二氧化硫残留量计	

硫黄	漂白剂、防腐剂、	水果干类、食糖	0.1	只限用于熏蒸，最大使用量以二氧化硫残留量计 57
		蜜饯凉果	0.35	
		干制蔬菜	0.2	
		经表面处理的鲜食用菌和藻类	0.4	
		其他（仅限魔芋粉）	0.9	

四、甜味剂

甜味剂是指赋予食品甜味的物质。按来源可分为：

（一）天然甜味剂

又分为糖醇类和非糖类。其中①糖醇类有：木糖醇、山梨糖醇、甘露糖醇、乳糖醇、麦芽糖醇、异麦芽糖醇、赤鲜糖醇；②非糖类包括：甜菊糖甙、甘草、奇异果素、罗汉果素、索马甜。

（二）人工合成甜味剂

其中磺胺类有：糖精、环己基氨基磺酸钠、乙酰磺胺酸钾。二肽类有：天门冬酰苯丙酸甲酯（又阿斯巴甜）、L-α-天冬氨酰-N-（2,2,4,4-四甲基-3-硫化三亚甲基）-D-丙氨酰胺（又称阿力甜）。蔗糖的衍生物有：三氯蔗糖、异麦芽酮糖醇（又称帕拉金糖）、新糖（果糖低聚糖）。

此外，按营养价值可分为营养性和非营养性甜味剂，如蔗糖、葡萄糖、果糖等也是天然甜味剂。由于这些糖类除赋予食品以甜味外，还是重要的营养素，供给人体以热能，通常被视作食品原料，一般不作为食品添加剂加以控制。

在《食品安全国家标准食品添加剂使用标准》GB 2760-2014 中列出的主要甜味剂，如表 7-6 所示。

续表

表 7-6　甜味剂名称、使用范围及在标准 GB 2760-2014 中的页码

甜味剂名称	使用范围	页码
N-[N-（3，3-二甲基丁基）]-L-α-天门冬氨-L-苯丙氨酸 1-甲酯（又名纽甜）	调制乳，风味发酵乳，调制乳粉和调制奶油粉，稀奶油（淡奶油）及其类似品（01.05.01 稀奶油除外），干酪类似品，以乳为主要配料的即食风味食品或其预制产品（不包括冰淇淋和风味发酵乳），02.02 类以外的脂肪乳化制品，包括混合的和（或）调味的脂肪乳化制品，脂肪类甜品，冷冻饮品（03.04 食用冰除外），冷冻水果，水果干类，醋、油或盐渍水果，水果罐头，果酱，果泥，除 04.01.02.05 外的果酱（如印度酸辣酱），蜜饯凉果，装饰性果蔬，水果甜品，包括果味液体甜品，发酵的水果制品，煮熟的或油炸的水果，加工蔬菜，腌渍的蔬菜，腌渍的食用菌和藻类，食用菌和藻类罐头，经水煮或油炸的藻类，其他加工食用菌和藻类，加工坚果与籽类，坚果与籽类的泥（酱），包括花生酱等，可可制品、巧克力和巧克力制品（包括代可可脂巧克力及制品）以及糖果（05.02 糖果除外），胶基糖果，除胶基糖果以外的其他糖果，即食谷物，包括碾轧燕麦（片），谷类和淀粉类甜品（如米布丁、木薯布丁），焙烤食品，焙烤食品馅料及其表面用挂浆，预制水产品（半成品），水产品罐头，其他蛋制品，餐桌甜味料，调味糖浆，醋，香辛料酱（如芥末酱、青芥酱），复合调味料，果蔬汁（浆）类饮料，含乳饮料，植物蛋白饮料，复合蛋白饮料，碳酸饮料，茶、咖啡、植物（类）饮料，植物饮料，特殊用途饮料，风味饮料，发酵酒（15.03.01 葡萄酒除外），果冻，膨化食品	13
甘草酸钱，甘草酸一钾及三钾	蜜饯凉果，糖果，饼干，肉罐头类，调味品，饮料类（14.01 包装饮用水类除外）	21
D-甘露糖醇	糖果	22
环己基氨基磺酸钠（又名甜蜜素），环己基氨基磺酸钙	冷冻饮品（03.04 食用冰除外），水果罐头，果酱，蜜饯凉果，凉果类，话化类，果糕类、腌渍的蔬菜，熟制豆类，腐乳类，带壳熟制坚果与籽类，脱壳熟制坚果与籽类，面包，糕点，饼干，复合调味料，饮料类（14.01 包装饮用水类除外），配制酒，果冻（以上以环己基氨基磺酸计）	33
麦芽糖醇和麦芽糖醇液	调味乳，炼乳及其调制产品，稀奶油类似品，冷冻饮品（03.04 食用冰除外），加工水果，腌渍的蔬菜，熟制豆类，加工坚果与籽类，可可制品、巧克力和巧克力制品，包括代可可脂巧克力及制品，糖果，粮食制品馅料，面包，糕点，饼干，焙烤食品馅料及表面用挂浆，冷冻鱼糜制品（包括鱼丸等），餐桌甜味料，半固体复合调味料，液体复合调味料（不包括 12.03.12.04），饮料类（14.01 包装饮用水类除外），果冻，其他（豆制品工艺用），其他（制糖工艺用），其他（酿造工艺用）	61
乳糖醇	稀奶油，香辛料类	72

续表

甜味剂名称	使用范围	页码
三氯蔗糖（又名蔗糖素）	调味乳，风味发酵乳，调制乳粉和调制奶油粉，冷冻饮品（03.04 食用冰除外），水果干类，水果罐头，果酱，蜜饯凉果，煮熟的或油炸的水果，腌渍的蔬菜，加工食用菌和藻类，腐乳类，加工坚果与籽类，糖果，杂粮罐头，其他杂粮制品（仅限微波爆米花），即食谷物，包括碾轧燕麦（片），方便米面制品，焙烤食品，餐桌甜味料，醋，酱油，酱及酱制品，香辛料酱（如芥末酱、青芥酱），复合调味料，蛋黄酱，沙拉酱，饮料类（14.01 包装饮用水类除外），配制酒，发酵酒，果冻	73
山梨糖醇和山梨糖醇液	炼乳及其调制产品，02.02 类以外的脂肪乳化制品，包括混合的和 / 或调味的脂肪乳化制品（仅限植脂奶油），冷冻饮品（03.04 食用冰除外），腌渍的蔬菜，熟制坚果与籽类（仅限油炸坚果与籽类），巧克力和巧克力制品，除 05.01.01 以外的可可制品，糖果，生湿面制品（如面条、饺子皮、馅饼皮、烧麦皮），面包，糕点，饼干，焙烤食品馅料及表面用挂浆（仅限焙烤食品馅料），冷冻鱼糜制品（包括鱼丸等），调味品，饮料类（14.01 包装饮用水类除外），膨化食品，其他（豆制品工艺用），其他（制糖工艺用），其他（酿造工艺用）	77
索马甜	冷冻饮品（03.04 食用冰除外），加工坚果与籽类，焙烤食品，餐桌甜味料，饮料类（14.01 包装饮用水除外）	82
糖精钠	冷冻饮品（03.04 食用冰除外），水果干类（仅限芒果干、无花果干），果酱，蜜饯凉果，凉果类，话化类（甘草制品），果糕类，腌渍的蔬菜，新型豆制品（大豆蛋白及其膨化食品、大豆素肉等），熟制豆类，带壳熟制坚果与籽类，脱壳熟制坚果与籽类，复合调味料，配制酒	
L–α– 天冬氨酰 –N–（2,2,4,4– 四甲基 –3– 硫化三亚甲基）–D– 丙氨酰胺（又名阿力甜）	冷冻饮品（03.04 食用冰除外），话化类，胶基糖果，餐桌甜味料，饮料类（14.01 包装饮用水除外），果冻	85
天门冬酰苯丙氨酸甲酯（又名阿斯巴甜）	调制乳，风味发酵乳，调制乳粉和调制奶油粉，稀奶油（淡奶油）及其类似品（01.05.01 稀奶油除外），非熟化干酪，干酪类似品，以乳为主要配料的即食风味食品或其预制产品（不包括冰淇淋和风味发酵乳），02.02 类以外的脂肪乳化制品，包括混合的和（或）调味的脂肪乳化制品，脂肪类甜品，冷冻饮品（03.04 食用冰除外），冷冻水果，水果干类，醋、油或盐渍水果，水果罐头，果酱，果泥，除 04.01.02.05 外的果酱（如印度酸辣酱），蜜饯凉果，装饰性果蔬，水果甜品，包括果味液体甜品，发酵的水果制品，煮熟的或油炸的水果，冷冻蔬菜，干制蔬菜，腌渍的蔬菜	86
天门冬酰苯丙氨酸甲酯乙酰磺胺酸	风味发酵乳，冷冻饮品（03.04 食用冰除外），水果罐头，果酱，蜜饯类，腌渍的蔬菜，糖果，胶基糖果，杂粮罐头，餐桌甜味料，调味品，酱油，饮料类（14.01 包装饮用水类除外）	88

甜味剂名称	使用范围	页码
甜菊糖苷	风味发酵乳,冷冻饮品（03.04 食用冰除外）,蜜饯凉果,熟制坚果与籽类,糖果,糕点、餐桌甜味料,调味品,饮料类（14.01 包装饮用水类除外）,果冻,膨化食品,茶制品（包括调味茶和代用茶类）	89
乙酰磺胺酸钾（又名安赛蜜）	风味发酵乳,以乳为主要配料的即食风味食品或其预制产品（不包括冰淇淋和风味发酵乳）(仅限乳基甜品罐头),冷冻饮品(03.04 食用冰除外),蜜饯凉果,水果罐头,果酱,蜜饯类,腌渍的蔬菜,加工食用菌和藻类,熟制坚果与籽类,糖果,胶基糖果,杂粮罐头,其他杂粮制品（仅限黑芝麻糊）,谷类和淀粉类甜品（仅限谷类甜品罐头）,焙烤食品,餐桌甜味料,调味品,酱油,饮料类（14.01 包装饮用水类除外）,果冻	102
异麦芽酮糖	调制乳,风味发酵乳,冷冻饮品（03.04 食用冰除外）,水果罐头,果酱,蜜饯凉果,糖果,其他杂粮制品,面包,糕点,饼干,饮料类（14.01 包装饮用水类除外）,配制酒	103
赤部糖醇	除去 GB 2760–2014 中表 A.3 所列出的不允许使用食品类别名单以外的所有食品皆可按需要使用	114
罗汉果甜苷		115
木糖醇		115
乳糖醇		115

第四节　食品添加剂的检验

一、亚硝酸盐和硝酸盐的测定

（一）出厂检验要求测定亚硝酸盐残留量的食品

实行食品生产许可证制度,审查细则中出厂检验项目要求测定亚硝酸钠残留量的食品。

（二）测定方法

测定硝酸盐和亚硝酸盐的方法很多,根据 GB 5009.33–2016《食品安全国家标准食品中亚硝酸盐和硝酸盐的测定》,有第一法离子色谱法,第二法分光光度法、第三法蔬菜、水果中硝酸盐的测定——紫外分光光度法。

1. 离子色谱法

（1）原理

试样经沉淀蛋白质、除去脂肪后，采用相应的方法提取和净化，以氢氧化钾溶液为淋洗液，阴离子交换柱分离，电导检测器检测。以保留时间定性，外标法定量。

（2）仪器

离子色谱仪：包括电导检测器，配有抑制器，高容量阴离子交换柱，25 μL 定量环。

食物粉碎机。

超声波清洗器。

天平：感量为 0.1 mg 和 1 mg。

离心机：转速 ≥ 10 000 r/min，配 5 mL 或 10 mL 离心管。

0.22 μm 水性滤膜针头滤器。

净化柱：包括 C_{18} 柱、Ag 柱和 Na 等效柱。

注射器：1.0 mL、2.5 mL。

（3）操作方法

按 GB 5009.33–2016《食品安全国家标准食品中亚硝酸盐和硝酸盐的测定》第一法执行。

（4）说明及注意事项

①如有玻璃器皿，使用前均需依次用 2 mol/L 氢氧化钠和水分别浸泡 4h，然后用水冲洗 3 ~ 5 次，晾干备用。

②固相萃取柱使用前须进行活化。

③色谱柱是具有氢氧化物选择性，可兼容梯度洗脱的高容量阴离子交换柱。

2. 分光光度法

（1）原理

亚硝酸盐采用盐酸萘乙二胺法测定，硝酸盐采用镉柱还原法测定。

试样经沉淀蛋白质、除去脂肪后，在弱酸条件下亚硝酸盐与对氨基苯磺酸重氮化后，再与盐酸萘乙二胺偶合形成紫红色染料，外标法测得亚硝酸盐含量。采用镉柱将硝酸盐还原成亚硝酸盐，测得亚硝酸盐总量，由此总量减去亚硝酸盐含量，即得试样中硝酸盐含量。

（2）仪器

天平：感量为 0.1 mg 和 1mg。

组织捣碎机。

超声波清洗器。

恒温干燥箱。

分光光度计。

镉柱。

（3）操作方法

按照 GB 5009.33—2016《食品安全国家标准食品中亚硝酸盐和硝酸盐的测定》第二法执行。

（4）说明及注意事项

①亚铁氰化钾和乙酸锌溶液为蛋白质沉淀剂。

②饱和硼砂溶液既可作为亚硝酸盐提取剂，又可用作蛋白质沉淀剂。

③镉是有害元素之一，制备、处理过程的废弃液含大量的镉，应经处理之后再放入水道，以免造成环境污染。

④在制取海绵状镉和装填镉柱时最好在水中进行，勿使颗粒暴露于空气中以免氧化。

⑤为保证硝酸盐测定结果准确，镉柱还原效率应当经常检查。

3. 蔬菜、水果中硝酸盐的测定

（1）原理

用 pH 值 9.6 ～ 9.7 的氨缓冲液提取样品中硝酸根离子，同时加活性炭去除色素类，加沉淀剂去除蛋白质及其他干扰物质，利用硝酸根离子和亚硝酸根离子在紫外区 219nm 处具有等吸收波长的特性，测定提取液的吸光度，其测得结果为硝酸盐和亚硝酸盐吸光度的总和，鉴于新鲜蔬菜、水果中亚硝酸盐含量甚微，可忽略不计。测定结果为硝酸盐的吸光度，可从工作曲线上查得相应的质量浓度，计算样品中硝酸盐的含量。

（2）仪器

紫外分光光度计。

分析天平：感量 0.001 g 和 0.000 1 g。

组织捣碎机。

可调式往返振荡机。

pH 值计：精度为 0.01。

烧杯：100 mL。

锥型瓶：250 mL、500 mL。

容量瓶：100mL、500 mL 和 1000 mL。

移液管：2 mL、5 mL、10 mL 和 20 mL。

吸量管：2 mL、5 mL、10 mL 和 25 mL。

量筒：根据需要选取。

玻璃漏斗：直径约 9 cm，短颈。

定性滤纸：直径约 18 cm。

（3）操作方法

按 GB 5009.33-2016《食品安全国家标准食品中亚硝酸盐和硝酸盐的测定》第三法执行。

二、二氧化硫残留量的测定

（一）出厂检验要求测定二氧化硫残留量的食品

实行食品生产许可证制度，审查细则中出厂检验项目要求测定二氧化硫残留量的食品。

（二）测定方法

根据国家标准 GB 5009.34-2016《食品安全国家标准食品中二氧化硫的测定》，测定食品中二氧化硫采用滴定法。

1.原理

在密闭容器中对样品进行酸化、蒸馏，蒸馏物用乙酸铅溶液吸收。吸收后的溶液用盐酸酸化，碘标准溶液滴定，根据所消耗的碘标准溶液量计算出样品中的二氧化硫含量。

2.仪器

全玻璃蒸馏器：500 mL，或等效的蒸馏设备。

酸式滴定管：25 mL 或 50 mL。

剪切式粉碎机。

碘量瓶：500 mL。

3.操作方法

按照 GB 5009.34-2016《食品安全国家标准食品中二氧化硫的测定》执行。

第八章　食品中有害物质的检验

第一节　食品中有机氯的检验

　　有机氯农药是农药中一类含氯有机化合物，一般分为两大类：一为滴滴涕类，称作氯化苯及其衍生物，包括六六六和滴滴涕等；二为氯化亚甲基萘类，包括七氯、氯丹、艾氏剂、狄氏剂与异狄氏剂、毒杀芬等。其中以六六六与滴滴涕使用最广泛。我国虽然于20世纪80年代已停止使用六六六和滴滴涕，但是这类农药性质比较稳定、残留时间长、累积浓度大，属高残毒农药，目前许多农产品及食品中仍有残留，因此，对其检测是必不可少的工作。

　　农药残留量的检验方法有多种，对有机氯农药检验而言，气相色谱法具有选择性高、分离效率高、灵敏度高、分析速度快等优点，因而被广泛使用。检验食品中有机氯的含量，首先，要根据国家标准确定有机氯的测定方法；其次，根据方法的要求准备样品、仪器；最后，根据操作步骤完成有机氯含量的测定。

一、食品中常见的有机氯农药的性质

（一）六六六

　　分子式为 $C_6H_6C1_6$，化学名为六氯环己烷、六氯化苯，简称 BHC。BHC 有多种异构体：α-BHC、β-BHC、γ-BHC、δ-BHC。BHC 为白色或淡黄色固体，纯品为无色无臭晶体，工业品有霉臭气味，在土壤中半衰期为2年，不溶于水，易溶于脂肪及丙酮、乙醚、石油醚、环己烷等有机溶剂。BHC 对光、热、空气、强酸均很稳定。

（二）滴滴涕

　　分子式为 $C_{14}H_9C1_5$，化学名为 2，2-双（对氯苯基）-1，1，1-三氯乙烷、二氯二苯三氯乙烷，简称 DDT。根据苯环上 C1 的取代位置不同，形成如下几种异构体：p，p′-DDT、o，p′-DDT、p，p-DDD、p，p′-DDE。在农药中起主要作用的是 p，p′-DDT 及 o，p′-DDT。DDT 为白色或淡黄色固体，纯品为白色结晶，熔点为 108.5 ～ 109℃，在土壤中半衰期为

3 ~ 10 年，不溶于水，易溶于脂肪及丙酮、氯仿、苯、氯苯、乙醚等有机溶剂。DDT 对光、热、酸均很稳定。

二、气相色谱法检验

样品中有机氯农药经提取、净化与浓缩后，进样气化，并由氮气载入色谱柱中进行分离，再进入对负电性强的组分具有较高检测灵敏度的电子捕获检测器中检出，与标准有机氯农药比较定量。

（一）准备试剂及仪器设备

1. 试剂

（1）丙酮。

（2）乙醚。

（3）95% 乙醇。

（4）石油醚（沸程 30 ~ 60℃）或环己烷。

（5）无水硫酸钠：经 350℃灼烧 4 h，储存于密闭容器中。

（6）草酸钾。

（7）硫酸：优级纯。

（8）20 g / L 硫酸钠溶液。

（9）1 ： 1 高氯酸 – 冰醋酸混合液。

（10）BHC 与 DDT 标准储备溶液。

（11）BHC 与 DDT 标准溶液。

（12）BHC 与 DDT 标准混合溶液：此标准混合液中各有机氯农药浓度应根据 GC 仪灵敏度于临用前配制。

（13）载体：白色硅藻土（或 Chromosorb W）80 ~ 100 目，GC 用。

（14）固定液：苯基甲基聚硅氧烷（OV–17）及三氟丙基聚硅氧烷 QF–l。

2. 仪器设备

所用玻璃器皿均须经铬酸洗涤液浸泡。

（1）分析天平。

（2）气相色谱仪，附电子捕获检测器。

（3）小型粉碎机或小型绞肉机或分样筛或高速组织捣碎机。

（4）电动振荡器。

（5）恒温水浴锅。

（6）微量注射器：5 μL，10 μL。

（7）梨形分液漏斗。

（8）K–D浓缩器（装有三球或Snyder柱及刻度收集管）或索氏脂肪抽提器。

（二）测定步骤

步骤1：样品制备。

①粮食：称取20 g粉碎并通过20目筛的样品，置于250 mL具塞锥形瓶中，加100 mL石油醚，于电动振荡器上振荡30 min，滤入150 mL分液漏斗中，以20～30 mL石油醚分数次洗涤残渣，洗液并入分液漏斗中，以石油醚稀释至100 mL。

②蔬菜、水果：称取200 g样品置于捣碎机中捣碎1～2 min（若样品含水分少，可加一定量的水），称取相当于原样50 g的匀浆，加100 mL丙酮，振荡1 min，浸泡1 h，过滤，残渣用丙酮洗涤3次，每次10 mL，洗液并入滤液中，置于500 mL分液漏斗中。加80 mL石油醚，振摇1 min，加200 mL硫酸钠溶液（20 g/L），振摇1 min，静置分层，弃去下层，将上层石油醚经盛有15 g无水硫酸钠的漏斗，滤入另一分液漏斗中。再以石油醚少量数次洗涤漏斗及其内容物，洗液并入滤液中，并以石油醚稀释至100 mL。

③动物油：称取5 g炼过的样品，溶于250 mL石油醚，移入500 mL分液漏斗中。

④植物油：称取10 g样品，溶于250 mL石油醚，移入500 mL分液漏斗中。

⑤乳与乳制品：称取100 g鲜乳（乳制品取样量按鲜乳折算），移入500 mL分液漏斗中，加100 mL乙醇、1 g草酸钾，猛摇1 min，加100 mL乙醚，摇匀，加100 mL石油醚，猛摇2 min，静置10 min，弃去下层，将有机溶剂层经盛有20 g无水硫酸钠的漏斗，小心缓慢地滤入250 mL锥形瓶中，再用石油醚少量多次洗涤漏斗及其内容物，洗液并入滤液中。以脂肪抽提器或K–D浓缩器蒸除有机溶剂，残渣为黄色透明油状物，再以石油醚溶解，移入150 mL分液漏斗中，以石油醚稀释至100 mL。

⑥蛋与蛋制品：取鲜蛋10个，去壳，混匀，称取10 g（蛋制品取样量按鲜蛋折算）置于250 mL具塞锥形瓶中，加100 mL丙酮，在电动振荡器上振荡30 min，过滤，用丙酮洗残渣数次，洗液并入滤液中，用脂肪抽提器或K–D浓缩器将丙酮挥除（在浓缩过程中，常出现泡沫，应注意不使其溢出），将残渣用50 mL石油醚移入分液漏斗中，振摇、静置分层，将下层残渣放于另一分液漏斗中，加20 mL石油醚，振摇，静置分层，弃去残渣，合并石油醚，经盛有约15 g无水硫酸钠的漏斗滤入分液漏斗中，再用石油醚少量数次洗涤漏斗及其内容物，洗液并入滤液中，以石油醚稀释至100 mL。

⑦各种肉类及其他动物组织采用如下方法进行提取：

甲法：称取绞碎均匀的20 g样品置于乳钵中，加约80 g无水硫酸钠研磨（无水硫酸钠用量以样品研磨后呈干粉状为度），将研磨后的样品和硫酸钠一并移入250 mL具塞锥形瓶中，加 100 mL 石油醚，于电动振荡器上振荡 30 min，抽滤，残渣用约 100 mL 石油醚分数次洗涤，洗液并入滤液中，将全部滤液用脂肪抽提器或 K-D 浓缩器蒸除石油醚，残渣为油状物，以石油醚溶解残渣，移入 150 mL 分液漏斗中，加石油醚稀释至 100 mL。

乙法：称取绞碎混匀的 20 g 样品置于烧杯中，加入 40 mL 1∶1 高氯酸－冰醋酸混合溶液，上面盖上表面皿，于 80℃水浴上消化 4～5 h，将上述消化液移入 500 mL 分液漏斗中，加 40 mL 水洗烧杯，洗液并入分液漏斗中，以 30 mL、20 mL、20 mL、20 mL 石油醚分四次从消化液中提取农药，合并石油醚并使之通过一高 4～5 cm 的无水硫酸钠小柱，滤入 100 mL 容量瓶中，以少许石油醚洗小柱，洗液并入容量瓶中，然后稀释至刻度，混匀。

步骤 2：净化。

①于 100 mL 样品石油醚提取液（富含脂肪的动、植物油样品除外）中加 10 mL 硫酸，振摇数下后，倒置分液漏斗，打开活塞放气，然后振摇 0.5 min，静置分层，弃去下层溶液。上层溶液由分液漏斗上口倒入另一个 250 mL 分液漏斗中，用少许石油醚洗涤原分液漏斗后，并入 250 mL 分液漏斗中，加 100 mL 20 g/L 硫酸钠溶液，振摇后静置分层，弃去下层水溶液。用滤纸吸除分液漏斗颈内外的水，然后将石油醚经盛有约 15 g 无水硫酸钠的漏斗过滤，并以石油醚洗涤盛有无水硫酸钠的漏斗数次。洗液并入滤液中，并以石油醚稀释至 100 mL。

②于 25 mL 富含脂肪的动、植物油样品石油醚提取液中加 25 mL 硫酸，振摇数下后，倒置分液漏斗，打开活塞放气，再振摇 0.5 min，静置分层，弃去下层溶液。再加 25 mL 硫酸振摇 0.5 min，静置分层，弃去下层溶液。上层溶液由分液漏斗上口倒于另一 500 mL 分液漏斗中，用少许石油醚洗涤原分液漏斗，洗液并入分液漏斗中，加 250 mL 硫酸钠溶液（20 g/L），摇匀，静置分层，以下按①操作。

步骤 3：浓缩。

将分液漏斗中已净化的石油醚溶液经过盛有 15 g 无水硫酸钠的小漏斗，缓慢滤入 K-D 浓缩器中，并以少量石油醚洗盛有无水硫酸钠的漏斗 3～5 次。合并洗液与滤液，然后于水浴上将滤液用 K-D 浓缩器浓缩至约 0.3 mL（不要蒸干，否则结果偏低），停止蒸馏浓缩。用少许石油醚淋洗导管尖端，最后定容至 0.5～1.0 mL，摇匀，塞紧，供测定用。

步骤 4：测定。

①色谱条件：氚（³H）源电子捕获检测器〔汽化室温度 190℃，色谱柱温度 160℃，检测器温度 165℃，载气（氮气）流速 60 mL/min，极化电压 30 V〕；镍（⁶³Ni）源电子捕获检测器〔汽化室温度 215℃，色谱柱温度 195℃，检测器温度 225℃，载气（氮气）流速 90 mL/min〕；色谱柱〔内径 3～4 mm、长 2 m 的硬质玻璃管，内装涂以 OV-17（15 g/L）和 QF-1（20 g/L）混合固定液的 80～100 目白色硅藻土载体或 Chromosorb W〕。②标准曲线的绘制：吸取 BHC 与 DDT 标准混合溶液 1、2、3、4、5 分别进样，根据各农药组分含量（ng）与其相对应的峰面积（或峰高），绘制各农药组分的标准曲线。

③样品测定：吸取样品处理液 1.0～5.0 进样，记录色谱峰，据其峰面积于 BHC 与

DDT 各异构体的标准曲线上查出相应的组分含量（ng）。

步骤 5：计算结果。

①定性分析。根据标准 BHC 与 DDT 的各个异构体的保留时间进行定性。BHC 与 DDT 的各个异构体出峰顺序为 α-BHC、γ-BHC、β-BHC、δ-BHC、p,p′-DDE、o,p-DDT、p，p′-DDD、p，p′-DDT（图 8-1）。

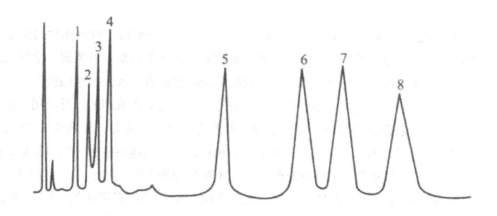

图 8-1　BHC、DDT 色谱图

1. α-BHC；2. γ-BHC；3. β-BHC；4. δ-BHC；5. p,p'-DDE；6. o,p-DDT；7. p,p'-DDD；8. p,p'-DDT

②定量计算。采用多点校正的外标方法进行定量计算，计算公式如下：

$$X = \frac{m_1 \times V_1 \times 1000}{m \times V \times 1000}$$

式中：

X——食品样品中 BHC、DDT 及其异构体的单一残留量，mg/kg（或 mg/L）；

V_1——样液进样体积，μL；

V——样品净化后浓缩液体积，mL；

m_1——从标准曲线上查出的被测样液中 BHC、DDT 及其异构体的单一含量，ng；

m——样品质量（或体积），g（或 mL）。

最后将 BHC、DDT 的不同异构体或衍生物的单一含量相加，即得出样品中有机氯农药 BHC、DDT 的总量。

第二节　食品中有机磷的检验

由于有机磷农药具有用药量小、杀虫效率高、选择作用强、对农作物药害小、在体内不蓄积等优点，近年来已广泛用于农业、畜牧业，作为杀虫剂、杀菌剂、除草剂或脱叶剂。但是，某些有机磷农药属高毒农药，对哺乳动物急性毒性较强，常因使用、保管、运输等不慎而污染食品，造成人畜急性中毒。另外，由于有机磷农药的广泛应用，导致食品发生不同程度的农药残留污染，主要是植物性食物（粮谷、薯类、蔬果类），尤其是含有芳香族物质的植物，如水果、蔬菜最易接受有机磷，而且在这些植物里残留量高，残留时间也长。因此，食品特别是果蔬等农产品，有机磷农药残留量的测定，是一重要检验项目。

检验食品中有机磷的含量，首先，要根据国家标准确定有机磷的测定方法；其次，根据方法的要求准备样品、仪器；最后，根据操作步骤完成有机磷含量的测定。

一、有机磷农药的性质

有机磷农药是一类含磷的有机化合物，大多属于磷酸酯类或硫代磷酸酯类。大多有机磷农药为无色或黄色的油状液体（少部分为低熔点的固体，如敌百虫、乐果、甲胺磷），有大蒜臭味，易挥发。有机磷农药可溶于多种有机溶剂，少数还可溶于水，如久效磷、甲胺磷。大多数有机磷农药性质不稳定，易光解、碱解和水解等，也容易被生物体内相关酶系分解。有机磷农药的剂型有乳剂、粉剂和悬乳剂等。

有机磷农药分子结构中含有多种有机官能团，根据 R、R′ 及 X 等基团不同，有机磷农药主要可以分为六类，即磷酸酯型（久效磷、磷胺等）、二硫代磷酸酯型（马拉硫磷、乐果、甲拌磷、亚胺硫磷等）、硫酮磷酸酯型（对硫磷、甲基对硫磷、内吸磷、杀螟硫磷等）、硫醇磷酸酯型（氧化乐果、伏地松等）、磷酰胺型（甲胺磷、乙酰甲胺磷等）、膦酸酯型（敌百虫等）。

二、水果、蔬菜、谷类中有机磷农药残留量的测定

方法：气相色谱法

本方法适用于水果、蔬菜、谷类中敌敌畏、速灭磷、久效磷、甲拌磷、巴胺磷、二嗪磷、乙嘧硫磷、甲基嘧啶磷、甲基对硫磷、稻瘟净、水胺硫磷、氧化喹硫磷、稻丰散、甲喹硫磷、克线磷、乙硫磷、乐果、喹硫磷、对硫磷、杀螟硫磷等20种农药制剂的残留量分析。

本法利用含有机磷的试样在富氢焰上燃烧，以 HPO 碎片的形式，放射出波长 526 nm 的特性光，这种光通过滤光片选择后，由光电倍增管接收，转换成电信号，经微电流放大器放大后被记录下来，试样的峰面积或峰高与标准品的峰面积或峰高进行比较定量。

（一）准备试剂及仪器设备

I. 试剂

（1）丙酮。

（2）二氯甲烷。

（3）氯化钠。

（4）无水硫酸钠。

（5）助滤剂 Celite 545。

（6）农药标准品。

（7）农药标准溶液的配制：分别准确称取各标准品，用二氯甲烷为溶剂，分别配制成 1.0 mg/mL 的标准储备液，贮于冰箱（4℃）中，使用时根据各农药品种的仪器响应情况，吸取不同量的标准储备液，用二氯甲烷稀释成混合标准使用液。

2. 仪器设备

（1）分析天平。

（2）组织捣碎机。

（3）粉碎机。

（4）旋转蒸发仪。

（5）气相色谱仪，附有火焰光度检测器（FPD）。

参考条件：

①色谱柱：玻璃柱 2.6 m×3 mm（i.d.），填装涂有 4.5%DC-200+2.5%OV-17 的 Chromosorb WAW-DMCS（80 ~ 100 目）的担体；玻璃柱 2.6 m×3 mm（i.d.），填装涂有质量分数为 1.5% 的 QF-1 的 Chromosorb WAW-DMCS（60 ~ 80 目）的担体。

②气体速度：氮气 50 mL/min；氢气 100 mL/min；空气 50 mL/min。

③温度：柱箱 240℃；汽化室 260℃；检测器 270℃。

（二）测定步骤

步骤 1：样品制备。取粮食试样经粉碎机粉碎，过 20 目筛制成粮食试样。水果、蔬菜试样去掉非可食部分后制成待分析试样。

步骤2：提取。

①水果、蔬菜：称取 50.00 g 试样，置于 300 mL 烧杯中，加入 50 mL 水和 100 mL 丙酮（提取液总体积为 150 mL），用组织捣碎机提取 1～2 min，匀浆液经铺有两层滤纸和约 10 g Celite 545 的布氏漏斗减压抽滤，取滤液 100 mL 移至 500 mL 分液漏斗中。

②谷物：称取 25.00 g 试样，置于 300 mL 烧杯中，加入 50 mL 水和 100 mL 丙酮，以下步骤同①。

步骤3：净化。

向①或②的滤液中加入 10～15 g 氯化钠使溶液处于饱和状态。猛烈振摇 2～3 min，静置 10 min，使丙酮与水相分层，水相用 50 mL 二氯甲烷振摇 2 min，再静置分层。将丙酮与二氯甲烷提取液合并经装有 20～30 g 无水硫酸钠的玻璃漏斗脱水滤入 250 mL 圆底烧瓶中，再以约 40 mL 二氯甲烷分数次洗涤容器和无水硫酸钠。洗涤液也并入烧瓶中，用旋转蒸发器浓缩至约 2 mL，浓缩液定量转移至 5～25 mL 容量瓶中，加二氯甲烷定容至刻度。

步骤4：测定。

吸取 2～5/mL 混合标准液及试样净化液注入色谱仪中，以保留时间定性。以试样的峰高或峰面积与标准比较定量。

步骤5：计算结果。

i 组分有机磷农药的含量计算：

$$X_i = \frac{A_i \times V_1 \times V_3 \times E_{si} \times 1000}{A_{si} \times V_2 \times V_4 \times m \times 1000}$$

式中：

X_i——i 组分有机磷农药的含量，mg/kg；

A_i——试样中 i 组分的峰面积，积分单位；

A_{si}——混合标准液中 i 组分的峰面积，积分单位；

V_1——试样提取液的总体积，mL；

V_2——净化用提取液的总体积，mL；

V_3——浓缩后的定容体积，mL；

V_4——进样体积；

E_{si}——注入色谱仪中的 i 标准组分的质量，ng；

m——试样的质量，g。

注：计算结果保留两位有效数字。

16 种有机磷农药（标准溶液）的色谱图，如图 8-2 所示。

13 种有机磷农药（标准溶液）的色谱图，如图 8-3 所示。

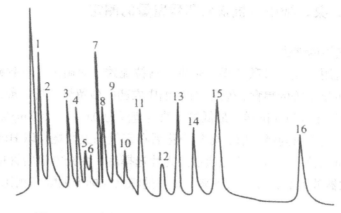

图 8-2 16 种有机磷农药（标准溶液）的色谱图

1. 敌敌畏最低检测浓度 0.005 mg/kg；2. 速灭磷最低检测浓度 0.004 mg/kg；3. 久效磷最低检测浓度 0.014 mg/kg：4. 甲拌磷最低检测浓度 0.004 mg/kg；5. 巴胺磷最低检测浓度 0.011 mg/kg；6. 二嗪磷最低检测浓度 0.003 mg/kg；7. 乙嘧硫磷最低检测浓度 0.003 mg/kg；8. 甲基嘧啶磷最低检测浓度 0.004 mg/kg；9. 甲基对硫磷最低检测浓度 0.004 mg/kg；10. 稻瘟净最低检测浓度 0.004 mg/kg；11. 水胺硫磷最低检测浓度 0.005 mg/kg；12. 氧化喹硫磷最低检测浓度 0.025 mg/kg；13. 稻丰散最低检测浓度 0.017 mg/kg；14. 甲喹硫磷最低检测浓度 0.014 mg/kg；15. 克线磷最低检测浓度 0.009 mg/kg；16. 乙硫磷最低检测浓度 0.014 mg/kg。

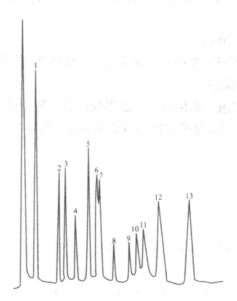

图 8-3 13 种有机磷农药的色谱图

1-敌敌畏；2-甲拌磷司－二嗪磷；4-乙嘧硫磷；5-巴胺磷；6-甲基嘧啶磷，7-异稻瘟净；8-乐果；9-It硫磷；10- 甲基对硫磷；11- 杀螟硫磷，12- 对硫；13- 乙硫磷

三、粮、菜、油中有机磷农药残留量的测定

方法：气相色谱法

本方法适用于使用过敌敌畏、乐果、马拉硫磷、对硫磷、甲拌磷、稻瘟净、杀螟硫磷、倍硫磷、虫螨磷等的粮食、蔬菜、食用油中农药的残留量分析。最低检出量为 0.1 ~ 0.3 ng，进样量相当于 0.01 g 试样，最低检出浓度范围为 0.01 ~ 0.03 mg/kg。

试样中有机磷农药经提取、分离净化后在富氢焰上燃烧，以 HPO 碎片的形式，放射出波长 526 nm 的光，这种特征光通过滤光片选择后，由光电倍增管接收，转换成电信号，经微电流放大器放大后，被记录下来，试样的峰高与标准的峰高相比，计算出试样相当的含量。

（一）准备试剂及仪器设备

I.试剂

（1）二氯甲烷。

（2）无水硫酸钠。

（3）丙酮。

（4）中性氧化铝：层析用，经 300℃活化 4 h 后备用。

（5）活性炭:称取 20 g 活性炭用盐酸（3 mol/L）浸泡过夜,抽滤后,用水洗至无氯离子,在 120℃烘干备用。

（6）硫酸钠溶液（50 g / L）。

（7）农药标准储备液：准确称取适量有机磷农药标准品，用苯（或三氯甲烷）先配制储备液，放在冰箱中保存。

（8）农药标准使用液：临用时用二氯甲烷稀释为使用液，使其浓度为敌敌畏、乐果、马拉硫磷、对硫磷和甲拌磷每毫升各相当于 1.0 μg，稻瘟净、倍硫磷、杀螟硫磷和虫螨磷每毫升各相当于 2.0 μg。

2.仪器设备

（1）分析天平。

（2）气相色谱仪，具有火焰光度检测器。

参考条件：

①色谱柱：玻璃柱，内径 3 mm，长 1.5 ~ 2.0 m。

分离测定敌敌畏、乐果、马拉硫磷和对硫磷的色谱柱:内装涂以 2.5%SE–30 和 3%QF–1 混合固定液的 60 ~ 80 目 Chromosorb WAW–DMCS；内装涂以 1.5%OV–17 和 2%QF–1 混合固定液的 60 ~ 80 目 Chromosorb WAW–DMCS；内装涂以 2%OV–101 和 2%QF–1 混合固定液的 60 ~ 80 目 Chromosorb WAW–DMCS。

分离测定甲拌磷、虫螨磷、稻瘟净、倍硫磷和杀螟硫磷的色谱柱：内装涂以 3%PEGA 和 5%QF-1 混合固定液的 60 ~ 80 目 Chromosorb WAW-DMCS；内装涂以 2%NPGA 和 3%QF-1 混合固定液的 60 ~ 80 目 Chromosorb WAW-DMCS。

②气流速度：载气为氮气 80 mL/min；空气 50 mL/min；氢气 180 mL/min（氮气、空气和氢气之比按各仪器型号不同选择各自的最佳比例条件）。

③温度：进样口 220℃；检测器 240℃；柱温 180℃，但测定敌敌畏为 130℃。

（3）电动振荡器。

（二）测定步骤

步骤 1：样品制备。

①蔬菜：将蔬菜切碎混匀，称取 10.00 g 混匀的试样，置于 250 mL 具塞锥形瓶中，加 30 ~ 100 g 无水硫酸钠（根据蔬菜含水量）脱水，剧烈振摇后如有固体硫酸钠存在，说明所加无水硫酸钠已够，用 0.2 ~ 0.8 g 活性炭（根据蔬菜色素含量）脱色，加 70 mL 二氯甲烷，在振荡器上振摇 0.5 h，经滤纸过滤，量取 35 mL 滤液，在通风柜中室温下自然挥发至近干，用二氯甲烷少量多次研洗残渣，移入 10 mL（或 5 mL）具塞刻度试管中，并定容至 2.0 mL，备用。

②稻谷：脱壳、磨粉、过 20 目筛、混匀，称取 10.00 g，置于具塞锥形瓶中，加入 0.5 g 中性氧化铝及 20 mL 二氯甲烷，振摇 0.5h，过滤，滤液直接进样，如农药残留量过低，则加 30 mL 二氯甲烷，振摇过滤，量取 15 mL 滤液浓缩并定容至 2.0 mL 进样。

③小麦、玉米：将试样磨碎过 20 目筛、混匀，称取 10.00 g 置于具塞锥形瓶中，加入 0.5 g 中性氧化铝、0.2 g 活性炭及 20 mL 二氯甲烷，振摇 0.5 h，过滤，滤液直接进样，如农药残留量过低，则加 30 mL 二氯甲烷，振摇过滤，量取 15 mL 滤液浓缩，并定容至 2 mL 进样。

④植物油：称取 5.0 g 混匀的试样，用 50 mL 丙酮分次溶解并洗入分液漏斗中，摇匀后，加 10 mL 水，轻轻旋转振摇 1 min，静置 1 h 以上，弃去下面析出的油层，上层溶液自分液漏斗上口倾入另一分液漏斗中，当心尽量不使剩余的油滴倒入（如乳化严重，分层不清，则放入 50 mL 离心管中，以 2 500 r/min 离心 0.5 h，用滴管吸出上层溶液），加 30 mL 二氯甲烷、100 mL 硫酸钠溶液（50 g/L），振摇 1 min，静置分层后，将二氯甲烷提取液移至蒸发皿中，丙酮水溶液再用 10 mL 二氯甲烷提取一次，分层后，合并至蒸发皿中，自然挥发后，如无水，可用二氯甲烷少量多次研洗蒸发皿中残液，移入具塞量筒中，并定容至 5 mL，加 2 g 无水硫酸钠振摇脱水，再加 1 g 中性氧化铝、0.2 g 活性炭（毛油可加 0.5 g）振摇脱油和脱色，过滤，滤液直接进样。二氯甲烷提取液自然挥发后如有少量水，可用 5 mL 二氯甲烷分次将挥发后的残液洗入小分液漏斗内，提取 1 min，静置分层后将二氯甲烷层移入具塞量筒内，再以 5 mL 二氯甲烷提取一次，合并入具塞量筒内，定容至 10 mL，加 5 g 无水硫酸钠，振摇脱水，再加 1 g 中性氧化铝、0.2 g 活性炭，振摇脱油和脱色、过滤，滤液直接进样；或将二氯甲烷和水一起倒入具塞量筒中，用二氯甲烷少量多次研洗蒸发皿，洗液并入具塞量筒中，以二氯甲烷层为准定容至 5 mL，加 3 g 无水硫酸钠，然后如上，加中性氧化铝和活

性炭依法操作。

步骤2：样品测定。

将混合农药标准使用液 2～5μL 分别注入气相色谱仪中，可测得不同浓度有机磷标准溶液的峰高，分别绘制有机磷标准曲线。同时取试样溶液 2～5 mL 注入气相色谱仪中，测得的峰高从标准曲线图中查出相应的含量。

步骤3：计算结果。

试样中有机磷农药的含量计算：

$$X = \frac{A \times 1000}{m \times 1000 \times 1000}$$

式中：

X——试样中有机磷农药的含量，mg/kg；

A——进样体积中有机磷农药的质量，mg；

m——进样体积（/L）相当于试样的质量，g。

注：计算结果保留两位有效数字。

其他有机磷农药的气相色谱图如图 8-4 ～ 8-7 所示。

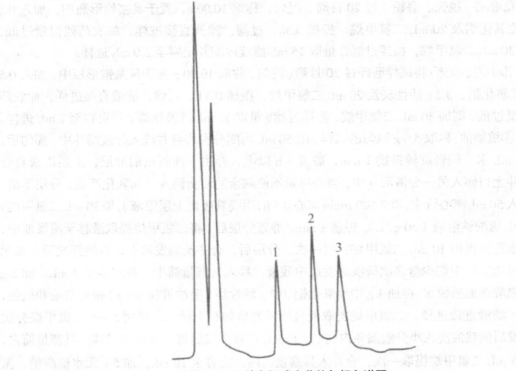

图 8-4　三种有机磷农药的气相色谱图

2.5%SE-30 和 3%QF-1 柱，柱温 180℃

1. 乐果；2. 马拉硫磷；3. 对硫磷

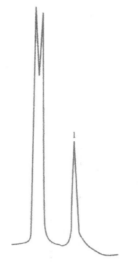

图 8-5　敌敌畏农药的气相色谱图

2.5%SE-30 和 3%QF-1 柱，柱温 130℃
1. 敌敌畏

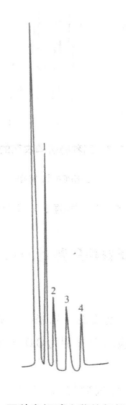

图 8-6　四种有机磷农药的气相色谱图

3%PEG A 和 5%QF-1 柱
1. 甲拌磷；2. 稻瘟净司；3. 倍硫磷；4. 杀螟硫磷

179

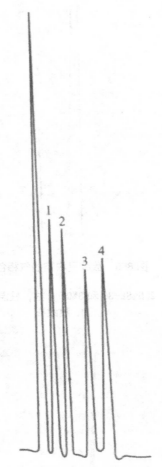

图 8-7　四种有机磷农药的气相色谱图

2%NPGA 和 3%QF-1 柱

1. 甲拌磷；2. 稻瘟净；3. 倍硫磷；4. 杀螟硫磷

四、肉类、鱼类中有机磷农药残留量的测定

方法：气相色谱法

本方法适用于肉类、鱼类中敌敌畏、乐果、马拉硫磷、对硫磷农药的残留分析。敌敌畏、乐果、马拉硫磷、对硫磷检出限分别为 0.03 mg/kg、0.015 mg/kg、0.015 mg/kg、0.008 mg/kg。

试样中有机磷农药经提取、分离净化后在富氢焰上燃烧，以 HPO 碎片的形式，放射出波长为 526 nm 的光。这种特征光通过滤光片选择后，由光电倍增管接收，转换成电信号，经微电流放大器放大后，被记录下来，试样的峰高与标准的峰高相比，计算出试样相当的含量。

（一）准备试剂及仪器设备

I. 试剂

（1）丙酮。

（2）二氯甲烷。

（3）无水硫酸钠：在700℃灼烧4 h后备用。

（4）中性氧化铝：在550℃灼烧4 h。

（5）硫酸钠溶液（20 g／L）。

（6）农药标准溶液：准确称取敌敌畏、乐果、马拉硫磷、对硫磷标准品各10.0 mg，用丙酮溶解并定容至100 mL，混匀，每毫升相当于农药0.10 mg，作为储备液，保存于冰箱中。

（7）农药标准使用液：临用时用丙酮稀释至每毫升相当于2.0 μg。

2. 仪器设备

（1）分析天平。

（2）气相色谱仪，附火焰光度检测器（FPD）。

参考条件：

①色谱柱：内径3.2 mm、长1.6 m的玻璃柱，内装涂以1.5%OV-17和2%QF-1混合固定液的80 ～ 100目Chromosorb WAW-DMCS。

②流量：氮气60 mL/min；氢气0.7 kg/cm^2；空气0.5 kg/cm^2。

③温度：检测器250℃，进样口250℃，柱温200℃（测定敌敌畏时为190℃），如同时测定四种农药可用程序升温。

（3）电动振摇器。

（二）测定步骤

步骤1：样品制备。

将有代表性的肉、鱼试样切碎混匀。

步骤2：样品测定。

①提取净化。称取20.00 g试样于250 mL具塞锥瓶中，加60 mL丙酮，于振荡器上振摇0.5 h，经滤纸过滤，取滤液30 mL于125 mL分液漏斗中，加60 mL硫酸钠溶液（20 g／L）和30 mL二氯甲烷，振摇提取2 min后，静置分层，将下层提取液放入另一个125 mL分液漏

斗中，再用 20 mL 二氯甲烷于丙酮水溶液中同样提取后，合并两次提取液，在二氯甲烷提取液中加 1 g 中性氧化铝（如为鱼肉，加 5.5 g），轻摇数次，加 20 g 无水硫酸钠。振摇脱水，过滤于蒸发皿中，用 20 mL 二氯甲烷分两次洗涤分液漏斗，倒入蒸发皿中，在 55℃水浴上蒸发浓缩至 1 mL 左右，用丙酮少量多次将残液洗入具塞刻度小试管中，定容至 2 ~ 5 mL，如溶液含少量水，可在蒸发皿中加少量无水硫酸钠后，再用丙酮洗入具塞刻度小试管中，定容。

②测定。将标准使用液或试样液进样 1 ~ 3mL，以保留时间定性。测量峰高，与标准比较进行定量。

步骤 3：计算结果。

i 组分有机磷农药的含量计算：

$$X_i = \frac{A_i \times V_1 \times V_3 \times E_{si} \times 1000}{A_{ui} \times V_2 \times V_4 \times m \times 1000}$$

式中：

X_i——i 组分有机磷农药的含量，mg/kg；

A_i——试样中 i 组分的峰面积，积分单位；

A_{si}——混合标准液中 i 组分的峰面积，积分单位；

V_1——试样提取液的总体积，mL；

V_2——净化用提取液的总体积，mL；

V_3——浓缩后的定容体积，mL；

V_4——进样体积，μL；

E_{si}——注入色谱仪中的 i 标准组分的质量，ng；

m——试样的质量，g。

注：计算结果保留两位有效数字。

四种有机磷农药的色谱图，如图 8-8 所示。

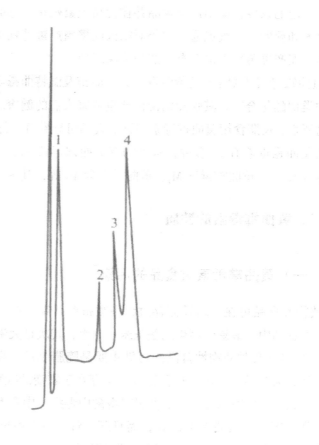

图 8-8　四种有机磷农药的色谱图

1. 敌敌畏；2. 乐果；3. 马拉硫磷；4. 对硫磷。

第三节　食品中霉菌毒素的检验

目前已经发现的霉菌毒素约有 200 种，其中比较重要的有黄曲霉毒素、赭曲霉毒素和杂色曲霉毒素等，其毒性作用可表现为肝脏毒、肾脏毒、神经毒和光致敏皮炎毒等，有的还对动物和人体有致癌作用。因此，对食品中霉菌毒素，特别是黄曲霉毒素的测定，是一个重要检验项目。

一、霉菌毒素简介

霉菌毒素主要是指霉菌在其所污染的食品中产生的有毒代谢产物。产毒霉菌产生毒素需要一定的条件，霉菌污染食品并在食品上繁殖是产毒的先决条件，食品中的水分、外界的温度和湿度及空气流通情况等对霉菌的繁殖产毒特别重要。霉菌产毒只限于少数的产毒霉菌，而产毒菌种中也只有一部分菌株产毒。

黄曲霉毒素（AFT）是黄曲霉、寄生曲霉及温特曲霉等产毒霉菌菌株的代谢物，是一群结构类似的化合物，其强烈的毒性严重危害人们的健康。大量摄入黄曲霉毒素可导致人和动物死亡，长期食用黄曲霉毒素污染的食品可导致肝、肾、肺等器官的慢性病变及肝癌。已知的黄曲霉毒素有 10 多种，常见的有黄曲霉毒素 B_1、黄曲霉毒素 B_2、黄曲霉毒素 G_1、黄曲霉毒素 G_2、黄曲霉毒素 M_1、黄曲霉毒素 M_2 等，其中以黄曲霉毒素 B_1 的毒性最大。

二、黄曲霉毒素的性质

（一）黄曲霉毒素对食品的污染

植物性食品可在栽培及储存过程中被霉菌污染，在适宜条件下大量繁殖并产毒。在各类粮油食品中，最易受污染的是玉米、花生，其次是大米、稻谷、小麦、豆类及高粱等。

黄曲霉毒素对动物性食品的污染主要是腌腊制品、灌肠制品、乳及乳制品，还有蛋及蛋制品、肉制品等。由于这种毒素广泛存在于霉变的牲畜饲料中，当饲料被黄曲霉毒素污染并达到一定的有效浓度时，可引起畜禽中毒症。中毒畜禽在一定的时间内不但乳、尿、胆汁、粪便等含有黄曲霉毒素 B_1，而且肝、肾、肌肉中也含有少量的黄曲霉毒素 B_1 及相应的代谢产物黄曲霉毒素 M_1。用含黄曲霉毒素 $B_1$100 μg/kg 的饲料喂奶牛，可测出牛乳中含 1 μg/kg 的黄曲霉毒素 M_1。对猪来说，不仅是摄入黄曲霉毒素 B_1 而引起中毒的黄疸病猪含有黄曲霉毒素 B1 和黄曲霉毒素 M_1，而且摄入了黄曲霉毒素 B_1 而未发生黄疸的鲜猪肉中也有一定的含量，因此，对无黄疸症状的鲜猪肉也应进行检验。此外，冷库霉菌问题应引起重视，调查研究表明，从冷库采集的霉菌中有能产生黄曲霉毒素的菌株。

各种黄曲霉毒素的熔点范围为 200 ~ 300℃，到达熔点时，可分解。其结构式都有一内酯环，内酯环被打开，则荧光消失，毒性消除。在水溶液中，黄曲霉毒素的内酯环很容易与氧化剂起反应，特别是与碱试剂反应，可部分水解为酚式化合物，所以实验室常用 5%次氯酸钠作为消毒剂。黄曲霉毒素与氢氧化钠溶液生成钠盐，也可使荧光消失。盐水浸泡发霉花生米也可降低其黄曲霉毒素含量。目前一般用辐射或碱去毒。

（二）黄曲霉毒素的毒性作用

黄曲霉毒素 B 族可在胃肠道内迅速吸收，主要分布于肝脏，其次是肾、脾、肾上腺。毒素在肝脏内经微粒体酶代谢转化，代谢产物很快由胆汁排出，24 h 后约 57% 由粪便排出，23% 由尿排出，一次摄入后，经约 1 周大部分可排出体外。黄曲霉毒素的主要代谢途径是脱甲基、羟基化和环氧化反应，生成各种代谢衍生物，其中大部分为无毒或低毒的代谢产物，少部分环氧化物成为致癌因子。如强毒的黄曲霉毒素 B_1 经生物转化后而成为黄曲霉毒素 M_1、黄曲霉毒素 P_1、黄曲霉毒素 Q_1 和黄曲霉毒醇等。黄曲霉毒素的毒性主要表现为急性中毒、慢性中毒和致癌作用。

1. 急性毒性

黄曲霉毒素 B 族属于剧毒类，其中黄曲霉毒素 B_1 毒性比敌敌畏高 100 倍，比砒霜高 68 倍，比氰化钾高 10 倍，仅次于肉毒毒素，是目前已知霉菌毒素中毒性最强的。人类可因食用污染黄曲霉毒素的食品而发生急性中毒。

黄曲霉毒素主要侵犯动物和人的肝脏，属于肝毒类。哺乳动物的细胞培养液中含黄曲霉毒素 $B_1 0.3~\mu g/mg$ 时可使细胞死亡，所以它又是细胞毒素。动物中毒时主要变化在肝脏，呈现肝细胞变性、出血和坏死。食品和饲料中含黄曲霉毒素 $1mg/kg$ 以上有剧毒。人类食用被黄曲霉毒素污染严重的食品后可出现食欲减退、发热、腹痛、呕吐，严重者 2 ~ 3 周内出现肝脾肿大、肝区疼痛、皮肤黏膜黄染、腹水及肝功能异常等中毒性肝炎症状，也可能出现心脏扩大、肺水肿，甚至痉挛和昏迷等症。

2. 慢性毒性

长期摄入微量黄曲霉毒素可造成慢性中毒，表现为食欲减退、体重减轻、生长发育缓慢、肝脏的亚急性或慢性损伤，肝实质性细胞坏死，胆管上皮增生，纤维组织细胞增生，形成再生结节，也可形成肝硬化。

3. 致癌作用

根据流行病学调查，世界上许多肝癌发病率高的地区，食物中黄曲霉毒素污染亦比较高。研究表明，人类肝癌的发病率与黄曲霉毒素的摄入量是相平行的，黄曲霉毒素污染严重地区，居民肝癌发病率较高。国际癌症研究机构将黄曲霉毒素 B_1 列为 A 类致癌物质。

动物实验也肯定了黄曲霉毒素的致癌活性，动物长期摄入低浓度的黄曲霉毒素或短期摄入高浓度后，均可诱发肝癌。黄曲霉毒素可使鱼类和哺乳动物诱发原发性肝癌。大白鼠饲料中含黄曲霉毒素 $B_1 0.5~mg/kg$，肝癌发病率可达 100%，含黄曲霉毒素 $B_1 15~\mu g/kg$ 时，雄鼠在 68 周、雌鼠在 82 周时全部出现肿瘤，并有明显的剂量 – 效应关系。此外，黄曲霉毒素还能引起染色体畸变和 DNA 损伤、畸胎。

三、黄曲霉毒素的检验

方法：薄层色谱法

试样中黄曲霉毒素 B_1 经提取、浓缩、薄层分离后，在波长 365 nm 紫外光下产生蓝紫色荧光，根据其在薄层上显示荧光的最低检出量来测定含量。

（一）准备试剂及仪器设备

I. 试剂

（1）三氯甲烷。

（2）正乙烷或石油醚（沸程 30 ～ 60℃或 60 ～ 90℃）。

（3）甲醇。

（4）苯。

（5）乙腈。

（6）无水乙醚或乙醚经无水硫酸钠脱水。

（7）丙酮。

以上试剂在试验时先进行一次试剂空白试验，如不干扰测定即可使用，否则须逐一重蒸。

（8）硅胶 G：薄层色谱用。

（9）三氟乙酸。

（10）无水硫酸钠。

（11）氯化钠。

（12）苯 - 乙腈混合液：量取 98 mL 苯，加 2 mL 乙腈，混匀。

（13）甲醇水溶液（55+45）。

（14）黄曲霉毒素 B_1 标准溶液。

①仪器校正：测定重铬酸钾溶液的摩尔消光系数，以求出使用仪器的校正因素。准确称取 25 mg 经干燥的重铬酸钾（基准级），用硫酸（0.5+1 000）溶解后并准确稀释至 200 mL，相当于〔$c(K_2Cr_2O_7)$=0.000 4 mol/L〕。再吸取 25 mL 此稀释液于 50 mL 容量瓶中，加硫酸（0.5+1 000）稀释至刻度，相当于 0.000 2 mol/L 溶液。再吸取 25 mL 此稀释液于 50 mL 容量瓶中，加硫酸（0.5+1 000）稀释至刻度，相当于 0.000 1 mol/L 溶液。用 1 cm 石英杯，在最大吸收峰的波长（接近 350 nm）处用硫酸（0.5+1 000）作空白，测得以上三种不同浓度的摩尔溶液的吸光度，并按下式计算出以上三种浓度的摩尔消光系数的平均值：

$$E_1 = \frac{A}{c}$$

式中：E_1——重铬酸钾溶液的摩尔消光系数；

A——测得重铬酸钾溶液的吸光度；

c——重铬酸钾溶液的摩尔浓度。

再以此平均值与重铬酸钾的摩尔消光系数值 3160 比较，即求出使用仪器的校正因素，按下式进行计算：

$$f = \frac{3160}{E}$$

式中：

f——使用仪器的校正因素；

E——测得的重铬酸钾溶液的摩尔消光系数平均值。

若 f 大于 0.95 或小于 1.05，则使用仪器的校正因素可略而不计。

②黄曲霉毒素 B_1 标准溶液的制备：准确称取 1 ~ 1.2 mg 黄曲霉毒素 B_1 标准品，先加入 2 mL 乙腈溶解后，再用苯稀释至 100 mL，避光，置于 4℃冰箱保存，该标准溶液约为 10 μg/mL。用紫外分光光度计测此标准溶液的最大吸收峰的波长及该波长的吸光度值。黄曲霉毒素 B_1 标准溶液的浓度计算：

$$X = \frac{A \times M \times 1000 \times f}{E_2}$$

式中：

X——黄曲霉毒素 B_1 标准溶液的浓度，μg/mL；

A——测得的吸光度值；

f——使用仪器的校正因素；

M——黄曲霉毒素 B 的分子量 312；

E_2——黄曲霉毒素 B_1 在苯 – 乙腈混合液中的摩尔消光系数 19 800。

根据计算，用苯 – 乙腈混合液调到标准溶液浓度恰为 10.0 μg/mL，并用分光光度计核对其浓度。

③纯度的测定：取 10 Mg/mL 黄曲霉毒素 B_1 标准溶液 5 μL，滴加于涂层厚度 0.25 mm 的硅胶 G 薄层板上，用甲醇 – 三氯甲烷（4+96）与丙酮 – 三氯甲烷（8+92）展开剂展开，在紫外光灯下观察荧光的产生，应符合以下条件：在展开后，只有单一的荧光点，无其他杂质荧光点；原点上没有任何残留的荧光物质。

（15）黄曲霉毒素 B_1 标准使用液：准确吸取 1 mL 标准溶液（10 μg/mL）于 10 mL 容量瓶中，加苯 – 乙腈混合液至刻度，混匀。此溶液每毫升相当于 1.0 μg 黄曲霉毒素 B_1，吸取 1.0 mL 此稀释液，置于 5mL 容量瓶中，加苯 – 乙腈混合液稀释至刻度，此溶液每毫升相当于 0.2 μg 黄曲霉毒素 B_1。再吸取黄曲霉毒素 B_1 标准溶液（0.2 μg/mL）1.0

mL 置于 5 mL 容量瓶中，加苯 – 乙腈混合液稀释至刻度，此溶液每毫升相当于 0.04 μg 黄曲霉毒素 B$_1$。

（16）次氯酸钠溶液（消毒用）：取 100 g 漂白粉，加入 500 mL 水，搅拌均匀，另将 80 g 工业用碳酸钠（Na$_2$CO$_3$·10H$_2$O）溶于 500 mL 温水中，再将两液混合、搅拌，澄清后过滤。此滤液含次氯酸的浓度约为 25 g / L。若用漂粉精制备则碳酸钠的量可以加倍，所得溶液的浓度约为 50 g / L。污染的玻璃仪器用 10 g / L 次氯酸钠溶液浸泡半天或用 50 g / L 次氯酸钠溶液浸泡片刻后，即可达到消毒效果。

2. 仪器设备

（1）小型粉碎机。

（2）样筛。

（3）电动振荡器。

（4）全玻璃浓缩器。

（5）玻璃板：5 cm × 20 cm。

（6）薄层板涂布器。

（7）展开槽：内长 25 cm、宽 6 cm、高 4 cm。

（8）紫外光灯：100 ~ 125 W，带有波长 365 nm 的滤光片。

（9）微量注射器或血色素吸管。

（二）测定步骤

步骤 1：取样。

试样中污染黄曲霉毒素高的霉粒一粒即可以影响测定结果，而且有毒霉粒的比例小，同时分布不均匀。为避免取样带来的误差，应大量取样，并将该大量试样粉碎，混合均匀，才有可能得到确实能代表一批试样的相对可靠的结果，因此，采样应注意以下几点：

①根据规定采取有代表性试样。

②对局部发霉变质的试样检验时，应单独取样。

③每份分析测定用的试样应从大样经粗碎与连续多次用四分法缩减至 0.5 ~ 1 kg，然后全部粉碎。粮食试样全部通过 20 目筛，混匀。花生试样全部通过 10 目筛、混匀。或将好、坏分别测定，再计算其含量。花生油和花生酱等试样不需制备，但取样时应搅拌均匀。必要时，每批试样可采取 3 份大样做试样制备及分析测定用，以观察所采试样是否具有一定的代表性。

步骤 2：提取。

①玉米、大米、麦类、面粉、薯干、豆类、花生、花生酱等：

甲法：称取 20.00 g 粉碎过筛试样（面粉、花生酱不需粉碎），置于 250 mL 具塞锥形瓶中，加 30 mL 正己烷或石油醚和 100 mL 甲醇水溶液，在瓶塞上涂上一层水，盖严防漏，振荡 30 min，静置片刻，以叠成折叠式的快速定性滤纸过滤于分液漏斗中。待下层甲醇水溶液分清后，放出甲醇水溶液于另一具塞锥形瓶内，取 20.00 mL 甲醇水溶液（相当于 4 g 试样）置于另一 125 mL 分液漏斗中，加 20 mL 三氯甲烷，振摇 2 min，静置分层。如出现乳化现象可滴加甲醇促使分层，放出三氯甲烷层，经盛有约 10 g 预先用三氯甲烷湿润的无水硫酸钠的定量慢速滤纸过滤于 50 mL 蒸发皿中、再加 5 mL 三氯甲烷于分液漏斗中，重复振摇提取，三氯甲烷层一并滤于蒸发皿中。最后用少量三氯甲烷洗过滤器，洗液并于蒸发皿中，将蒸发皿放在通风柜于 65℃水浴上通风挥干。然后放在冰盒上冷却 2 ~ 3 min 后，准确加入 1 mL 苯 – 乙腈混合液（或将三氯甲烷用浓缩蒸馏器减压吹气蒸干后，准确加入 1 mL 苯 – 乙腈混合液），用带橡皮头的滴管的管尖将残渣充分混合。若有苯的结晶析出，将蒸发皿从冰盒上取出，继续溶解、混合，晶体即消失，再用此滴管吸取上清液转移于 2 mL 具塞试管中。

乙法（限于玉米、大米、小麦及其制品）：称取 20.00 g 粉碎过筛试样于 250 mL 具塞锥形瓶中，用滴管滴加约 6 mL 水，使试样湿润，准确加入 60 mL 三氯甲烷，振荡 30 min，加 12 g 无水硫酸钠。振摇后，静置 30 min，用叠成折叠式的快速定性滤纸过滤于 100 mL 具塞锥形瓶中，取 12 mL 滤液（相当于 4 g 试样）于蒸发皿中，在 65℃水浴上通风挥干，准确加入 1 mL 苯 – 乙腈混合液，用带橡皮头的滴管的管尖将残渣充分混合。若有苯的结晶析出，将蒸发皿从冰盒上取出，继续溶解、混合，晶体即消失，再用此滴管吸取上清液转移于 2 mL 具塞试管中。

②花生油、香油、菜油等：称取 4.00 g 试样置于小烧杯中，用 20 mL 正己烷或石油醚将试样移于 125 mL 分液漏斗中，用 20 mL 甲醇水溶液分次洗烧杯，洗液一并移入分液漏斗中，振摇 2 min。静置分层后，将下层甲醇水溶液移入第二个分液漏斗中，再用 5 mL 甲醇水溶液重复振摇提取一次，提取液一并移入第二个分液漏斗中，在第二个分液漏斗中加 20 mL 三氯甲烷，振摇 2 min。静置分层，如出现乳化现象可滴加甲醇促使分层，放出三氯甲烷层，经盛有约 10 g 预先用三氯甲烷湿润的无水硫酸钠的定量慢速滤纸过滤于 50 mL 蒸发皿中，再加 5 mL 三氯甲烷于分液漏斗中，重复振摇提取，三氯甲烷层一并滤于蒸发皿中。最后用少量三氯甲烷洗过滤器，洗液并于蒸发皿中，将蒸发皿放在通风柜于 65℃水浴上通风挥干，然后放在冰盒上冷却 2 ~ 3 min 后，准确加入 1 mL 苯 – 乙腈混合液（或将三氯甲烷用浓缩蒸馏器减压吹气蒸干后，准确加入 1 mL 苯 – 乙腈混合液），用带橡皮头的滴管的管尖将残渣充分混合，若有苯的结晶析出，将蒸发皿从冰盒上取出，继续溶解、混合，晶体即消失，再用此滴管吸取上清液转移于 2 mL 具塞试管中。

③酱油、醋：称取 10.00 g 试样于小烧杯中，为防止提取时乳化，加 0.4 g 氯化钠，移入分液漏斗中，用 15 mL 三氯甲烷分次洗涤烧杯，洗液并入分液漏斗中，振摇 2 min。静置分层，如出现乳化现象可滴加甲醇促使分层，放出三氯甲烷层，经盛有约 10 g 预先用三氯甲烷湿润的无水硫酸钠的定量慢速滤纸过滤于 50 mL 蒸发皿中，再加 5 mL 三氯甲烷于分液漏斗中，重复振摇提取，三氯甲烷层一并滤于蒸发皿中。最后用少量三氯甲烷洗过滤器，洗液并于蒸发皿中，将蒸发皿放在通风柜于 65℃水浴上通风挥干，然后放在冰盒上冷却

2～3 min 后,准确加入 1 mL 苯–乙腈混合液(或将三氯甲烷用浓缩蒸馏器减压吹气蒸干后,准确加入 1 mL 苯–乙腈混合液),用带橡皮头的滴管的管尖将残渣充分混合。若有苯的结晶析出,将蒸发皿从冰盒上取出,继续溶解、混合,晶体即消失,再用此滴管吸取上清液转移于 2 mL 具塞试管中。最后加入 2.5 mL 苯–乙腈混合液,此溶液每毫升相当于 4 g 试样。

或称取 10.00 g 试样,置于分液漏斗中,再加 12 mL 甲醇(以酱油体积代替水,故甲醇与水的体积比仍约为 55 : 45),用 20 mL 三氯甲烷提取,振摇 2 min。静置分层,如出现乳化现象可滴加甲醇促使分层,放出三氯甲烷层,经盛有约 10 g 预先用三氯甲烷湿润的无水硫酸钠的定量慢速滤纸过滤于 50 mL 蒸发皿中,再加 5 mL 三氯甲烷于分液漏斗中,重复振摇提取,三氯甲烷层一并滤于蒸发皿中。最后用少量三氯甲烷洗过滤器,洗液并于蒸发皿中,将蒸发皿放在通风柜于 65℃水浴上通风挥干。然后放在冰盒上冷却 2～3 min 后,准确加入 1 mL 苯–乙腈混合液(或将三氯甲烷用浓缩蒸馏器减压吹气蒸干后,准确加入 1 mL 苯–乙腈混合液),用带橡皮头的滴管的管尖将残渣充分混合,若有苯的结晶析出,将蒸发皿从冰盒上取出,继续溶解、混合,晶体即消失,再用此滴管吸取上清液转移于 2 mL 具塞试管中。最后加入 2.5 mL 苯–乙腈混合液,此溶液每毫升相当于 4 g 试样。

④干酱类(包括豆豉、腐乳制品):称取 20.00 g 研磨均匀的试样,置于 250 mL 具塞锥形瓶中,加入 20 mL 正己烷或石油醚与 50 mL 甲醇水溶液,振荡 30 min。静置片刻,以叠成折叠式快速定性滤纸过滤,滤液静置分层后,取 24 mL 甲醇水层(相当于 8 g 试样,其中包括 8 g 干酱类本身约含有 4 mL 水的体积在内)置于分液漏斗中,加入 20 mL 三氯甲烷,振摇 2 min。静置分层,如出现乳化现象可滴加甲醇促使分层,放出三氯甲烷层,经盛有约 10 g 预先用三氯甲烷湿润的无水硫酸钠的定量慢速滤纸过滤于 50 mL 蒸发皿中。再加 5 mL 三氯甲烷于分液漏斗中,重复振摇提取,三氯甲烷层一并滤于蒸发皿中,最后用少量三氯甲烷洗过滤器,洗液并于蒸发皿中,将蒸发皿放在通风柜于 65℃水浴上通风挥干。然后放在冰盒上冷却 2～3 min 后,准确加入 1 mL 苯–乙腈混合液(或将三氯甲烷用浓缩蒸馏器减压吹气蒸干后,准确加入 1 mL 苯–乙腈混合液),用带橡皮头的滴管的管尖将残渣充分混合,若有苯的结晶析出,将蒸发皿从冰盒上取出,继续溶解、混合,晶体即消失,再用此滴管吸取上清液转移于 2 mL 具塞试管中。最后加入 2 mL 苯–乙腈混合液,此溶液每毫升相当于 4 g 试样。

⑤发酵酒类:同③处理方法,但不加氯化钠。

步骤 3:样品测定。

①单向展开法。

薄层板的制备:称取约 3 g 硅胶 G,加相当于硅胶量 2～3 倍的水,用力研磨 1～2 min 至成糊状后立即倒于涂布器内,推成 5 cm×20 cm、厚度约 0.25 mm 的薄层板三块,在空气中干燥约 15 min 后,在 100℃活化 2 h,取出,放干燥器中保存。一般可保存 2～3 天,若放置时间较长,可再活化后使用。

点样:将薄层板边缘附着的吸附剂刮净,在距薄层板下端 3 cm 的基线上用微量注射器或血色素吸管滴加样液。一块板可滴加 4 个点，点距边缘和点间距约为 1 cm，点直径约 3 mm。在同一块板上滴加点的大小应一致，滴加时可用吹风机冷风边吹边加。滴加样式如下：第一点，10 μL 黄曲霉毒素 B_1 标准使用液（0.04 μg/mL）；第二点，20 μL 样液；第三点，20 μL 样液 +10 μL 黄曲霉毒素 B_1 标准使用液（0.04 μg/mL）；第四点，20 μL 样液 +10 μL 黄曲霉毒素 B_1 标准使用液（0.2 μg/mL）。

展开与观察：在展开槽内加 10 mL 无水乙醚，预展 12 cm，取出挥干，再于另一展开槽内加 10 mL 丙酮 – 三氯甲烷（8+92），展开 10 ～ 12 cm，取出。在紫外光下观察结果，方法如下：由于样液点上加滴黄曲霉毒素 B_1 标准使用液，可使黄曲霉毒素 B_1 标准点与样液中的黄曲霉毒素荧光点重叠。如样液为阴性，薄层板上的第三点中黄曲霉毒素 B_1 为 0.000 4 μg，可用作检查在样液内黄曲霉毒素 B_1 最低检出量是否正常出现；如为阳性，则起定性作用。薄层板上的第四点中黄曲霉毒素 B_1 为 0.002 μg，主要起定位作用。若第二点在与黄曲霉毒素 B1 标准点的相应位置上无蓝紫色荧光点，表示试样中黄曲霉毒素 B_1 含量在 5 μg/kg 以下；如在相应位置上有蓝紫色荧光点，则需进行确证试验。

确证试验：为了证实薄层板上样液荧光系由黄曲霉毒素 B_1 产生的，加滴三氟乙酸，产生黄曲霉毒素 B_1 的衍生物，展开后此衍生物的比移值约在 0.1 左右。于薄层板左边依次滴加两个点。第一点，0.04 μg/mL 黄曲霉毒素 B_1 标准使用液 10 mL；第二点，20 μL 样液。于以上两点各加一小滴三氟乙酸盖于其上，反应 5 min 后，用吹风机吹热风 2 min 后，使热风吹到薄层板上的温度不高于 40℃，再于薄层板上滴加以下两个点。第三点，0.04 μg/mL 黄曲霉毒素 B_1 标准使用液 10 mL；第四点，20 μL 样液。再展开，在紫外光灯下观察样液是否产生与黄曲霉毒素 B_1 标准点相同的衍生物。未加三氟乙酸的三、四两点，可依次作为样液与标准的衍生物空白对照。

稀释定量：样液中的黄曲霉毒素 B_1 荧光点的荧光强度如与黄曲霉毒素 B_1 标准点的最低检出量（0.000 4 μg）的荧光强度一致，则试样中黄曲霉毒素 B_1 含量即为 5 μg/kg。如样液中荧光强度比最低检出量强，则根据其强度估计减少滴加微升数或将样液稀释后再滴加不同微升数，直至样液点的荧光强度与最低检出量的荧光强度一致为止。滴加式样如下：第一点，0.04 μg/mL 黄曲霉毒素 B 标准使用液 10 μL；第二点，根据情况滴加 10 μL 样液；第三点，根据情况滴加 15 μL 样液；第四点，根据情况滴加 20 μL 样液。

结果计算：试样中黄曲霉毒素 B 的含量计算。

$$X = 0.000\ 4 \times \frac{V_1 \times D}{V_2} \times \frac{1000}{m}$$

式中：

X——试样中黄曲霉毒素 B_1 的含量，μg/kg；

V_1——加入苯 – 乙腈混合液的体积，mL；

V_2——出现最低荧光时滴加样液的体积，mL；

D——样液的总稀释倍数；

m——加入苯-乙腈混合液溶解时相当试样的质量，g；

0.000 4——黄曲霉毒素 B_1 的最低检出量，μg。

注：结果表示到测定值的整数位。

②双向展开法。

如用单向展开法展开后，薄层色谱由于杂质干扰掩盖了黄曲霉毒素 B 的荧光强度，须采用双向展开法。薄层板先用无水乙醚做横向展开，将干扰的杂质展至样液点的一边而黄曲霉毒素 B_1 不动，然后再用丙酮-三氯甲烷（8+92）做纵向展开，试样在黄曲霉毒素 B_1 相应处的杂质底色大量减少，因而提高了方法灵敏度。如用双向展开中滴加两点法展开仍有杂质干扰时，则可改用滴加一点法。

滴加两点法：

点样：取薄层板三块，在三块板的距左边缘 0.8 ~ 1 cm 处各滴加 10μL 黄曲霉毒素 B_1 标准使用液（0.04 μg/mL），在距左边缘 2.8 ~ 3 cm 处各滴加 20μL 样液，然后在第二块板的样液点上加滴 10μL 黄曲霉毒素 B_1 标准使用液（0.04 μg/mL），在第三块板的样液点上加滴 10μL 黄曲霉毒素 B_1 标准使用液（0.2 μg/mL）。

展开：横向展开，在展开槽内的长边置一玻璃支架，加 10 mL 无水乙醇，将上述点好的薄层板靠标准点的长边置于展开槽内展开，展至板端后，取出挥干，或根据情况需要时可再重复展开 1 ~ 2 次；纵向展开，挥干的薄层板以丙酮-三氯甲烷（8+92）展开至 10 ~ 12 cm 为止，丙酮与三氯甲烷的比例根据不同条件自行调节。

观察及评定结果：在紫外光灯下观察第一、二板，若第二板的第二点在黄曲霉毒素 B_1 标准点的相应处出现最低检出量，而第一板在与第二板的相同位置上未出现荧光点，则试样中黄曲霉毒素 B_1 含量在 5 μg/kg 以下；若第一板在与第二板的相同位置上出现荧光点，则将第一板与第三板比较，看第三板上第二点与第一板上第二点的相同位置上的荧光点是否与黄曲霉毒素 B_1 标准点重叠，如果重叠，再进行确证试验。在具体测定中，第一、二、三板可以同时做，也可按照顺序做。如按顺序做，当在第一板出现阴性时，第三板可以省略，如第一板为阳性，则第二板可以省略，直接做第三板。

确证试验：另取薄层板两块，于第四、第五两板距左边缘 0.8 ~ 1 cm 处各滴加 10μL 黄曲霉毒素 B_1 标准使用液（0.04 μg/mL）及 1 滴三氟乙酸；在距左边缘 2.8 ~ 3 cm 处，于第四板滴加 20μL 样液及 1 小滴三氟乙酸；于第五板滴加 20 mL 样液、10μL 黄曲霉毒素 3 标准使液（0.04 μg/mL）及 1 小滴三氟乙酸，反应 5 min 后，用吹风机吹热风 2 min，使热风吹到薄层板上的温度不高于 40℃。再用双向展开法展开后，观察样液是否产生与黄曲霉毒素 B_1 标准点重叠的衍生物。观察时，可将第一板作为样液的衍生物空白板，如样液黄曲霉毒素 B_1 含量高时，则将样液稀释后，按单向展开法做确证试验。

稀释定量：如样液黄曲霉毒素 B_1 含量高时，按单项展开法稀释定量操作；如黄曲霉毒素 Bi 含量低、稀释倍数小，在定量的纵向展开板上仍有杂质干扰，影响结果的判断，可将样液再做双向展开法测定，以确定含量。

结果计算：试样中黄曲霉毒素 B_1 的含量计算。

$$X = 0.000\ 4 \times \frac{V_1 \times D}{V_2} \times \frac{1000}{m}$$

式中：

X——试样中黄曲霉毒素 B_1 的含量，$\mu g/kg$；

V_1——加入苯 – 乙腈混合液的体积，mL；

V_2——出现最低荧光时滴加样液的体积，mL；

D——样液的总稀释倍数；

m——加入苯 – 乙腈混合液溶解时相当试样的质量，μg；

0.000 4——黄曲霉毒素 B 的最低检出量，μg。

注：结果表示到测定值的整数位。

第四节　食品中抗生素的检验

在畜禽养殖、水产养殖和养蜂等生产过程中，为了预防和治疗疾病、促进生长和繁殖等，常使用抗生素。使用抗生素后，会在动物体内造成残留。药物残留是指给畜禽、水产动物等使用药物后，蓄积或储存在动物细胞、组织和器官内以及可食性产品中的药物或化学物的原形、代谢产物和杂质。药物残留超标不仅可以直接对人体产生急慢性毒性作用，引起细菌耐药性增强，还可以通过环境和食物链的作用间接对人体健康造成危害。主要用于防治动物传染病的抗生素包括氯霉素、螺旋霉素、链霉素、土霉素、四环素、金霉素、泰乐菌素、洁霉素和红霉素等。因此，对食品中抗生素残留进行测定，是一项重要的检验任务。

氯霉素类（CAPs）包括氯霉素（CAP）、间硝基氯霉素（m-CAP）、琥珀氯霉素、棕榈氯霉素、乙酰氯霉素、甲砜氯霉素（TAP）和氟甲砜氯霉素（FF）等，易发生蓄积中毒，许多国家已禁止在食用动物（特别是蛋鸡、奶牛等）中使用。

一、食品中抗生素药物残留的途径

造成食品中抗生素残留的途径较多，常见的有以下几种：

（一）预防和治疗疾病

在预防和治疗疾病过程中，如果不注意合理用药，容易造成药物在动物体内蓄积，屠宰后胴体中药物残留就会超标。

（二）滥用饲料添加剂或动物保健品

由于药物具有良好的保健和促生长作用，在畜牧业中的应用日趋普遍。长期、小剂量地将药物拌入饲料或饮水中饲喂动物，会使药物残留在动物体内，从而造成食品污染。随着集约化畜牧业生产的发展，抗生素用作药物添加剂的比例逐渐上升。

（三）用作食品添加剂

在食品的加工、保鲜储存过程中，为了抑制微生物的生长、繁殖，而加入某些抗生素，对食品的安全性造成很大的影响。

（四）饲料污染

饲料是众多病原的重要传播途径，鱼粉、肉粉、肉骨粉等动物性蛋白原料杀菌不严，易污染沙门氏菌、大肠杆菌等病原微生物。为了防治有害微生物的污染和传播，大量的抗生素被用作饲料添加剂，造成食品污染及残留。

（五）环境污染

制药企业排放的"三废"污染了灌溉用水，使畜禽特别是水产品受到药物污染。

二、食品中抗生素药物残留的危害

食品中的抗生素残留量虽然很低，但对人体健康的危害却极为严重，因而越来越引起人们的关注。食品中的药物残留对人体健康的影响，主要表现为变态反应与过敏反应、细菌耐药性、致畸作用、致突变作用、致癌作用及激素样作用等多方面。

（一）毒性作用

动物组织中药物残留水平很低，除少数能发生急性中毒外，绝大多数药物残留通常产生慢性、蓄积毒性作用。尤其在动物体的药物注射部位和一些靶器官（如肝、肺）常含有高浓度的药物残留，食用后出现中毒的概率将大大增加。药物及药物残留多引起食用者产生远期毒性作用。氯霉素能对人和动物的骨髓细胞、肝细胞产生毒性作用，导致严重的再生障碍性贫血。四环素类药物（金霉素和土霉素）能与骨骼中的钙等结合，抑制骨骼和牙齿的发育，治疗量的四环素类药物可能具有致癌作用。一些碱性和脂溶性药物的分布容积高，在体内易发生蓄积和慢性中毒，如使用属于大环内酯类药物的红霉素、泰乐菌素等易发生肝损坏和听觉障碍。氨基糖苷类药物如链霉素、庆大霉素、卡那霉素主要损坏前庭和耳蜗神经，导致眩晕和听力减退，并有潜在的致癌作用。

（二）使某些病原菌产生耐药性

动物在反复接触某一抗菌药物后，其体内的敏感菌株将受到选择性的抑制，使某些细菌菌株对通常能抑制其生长繁殖的某种浓度的抗菌药物产生耐受性，而使耐药菌株大量繁殖。研究表明，随着抗菌药的广泛应用，细菌中耐药菌株的数量也在迅速增加，而且许多细菌已由单一耐药发展到多重耐药。动物体内的耐药菌株又可通过食品传播给人体，从而对临床上感染性疾病的治疗造成困难。这表明滥用抗生素已经严重威胁到了人类的健康。

（三）引发过敏反应

经常食用一些含低剂量抗菌药物残留的食品还能使易感个体出现过敏反应，这些药物包括青霉素、四环素、磺胺类药物及某些氨基糖苷类抗生素等。这些药物具有抗原性，刺激机体内抗体的形成，造成过敏反应，严重者可引起休克、喉头水肿和呼吸困难等症状。

（四）破坏微生态平衡

在正常条件下，人体消化道内的微生态环境存在着多种微生物，各菌群之间维持着共生平衡。长期使用抗生素后，敏感菌受到抑制，而不敏感菌趁机在体内繁殖，形成新的感染，即"二次感染"。某些有益菌菌群能合成人体所需的 B 族维生素和维生素 K。长期或过量摄入抗生素残留的食品，会使有益菌群遭到破坏，有害菌群大量繁殖，造成微生态环境紊乱，从而导致长期腹泻或引起维生素缺乏。

（五）致癌、致畸、致突变作用

在妊娠关键阶段对胚胎或胎儿产生毒性作用造成先天畸形的药物或化学药品称为致畸物。致突变作用又称诱变作用。诱变剂（致突变物）是指损害细胞或机体遗传成分的物质。现已证明，有些化学药品包括烷化剂及 DNA 碱基的同类物具有诱变活性。如苯并咪唑类抗蠕虫药，有抑制细胞活性的作用，具有潜在的致突变性和致畸性。许多致突变物亦具有致癌活性，例如多环烃、黄曲霉毒素及有关的化合物，既具有致突变作用，又具有致癌作用。它们本身并不具备生物活性，只有经代谢转化为活性的亲核物质后，才能与大分子共价结合，从而引起突变、癌变、畸变和细胞坏死等。有些国家规定在食物中不允许含有任何已知致癌物，对曾用致癌物进行治疗或饲喂过致癌物的动物，在屠宰时不允许其食用组织中有致癌物残留。

三、防止食品中药物残留的措施

食品中的药物残留涉及动物生产与加工的各个环节，必须采取综合性控制措施。目前国际上普遍推广 HACCP（危害分析的临界控制点）管理系统。该管理体系是一个国际上广为接受的以科学技术为基础的体系，该体系通过识别对食品安全有威胁的特定的危害物，并对其采取预防性的控制措施，以减少生产有缺陷的食品和服务的风险，从而保证食品安全。HACCP 作为一个评估危害源、建立相应控制体系的工具，强调食品供应链上各个环节的全面参与和采取预防性措施。

（一）合理规划养殖场，确保环境无污染

养殖场选址应远离城镇、工矿区和人口密集的村庄，并处于居民区的下风口和饮水源的下游。同时，养殖场所处地势应较高，且通风、排水性能良好。畜禽粪便、污水处理应设置于全场的下风口和地势较低处，排污沟应尽量做到硬化处理，禁止在场内或场外随意堆放、排放畜禽粪便和污水。地面平养畜禽应对运动场土样进行检测，土壤中农药、化肥、兽药以及重金属等有害物质含量不可超标。建造养殖场的建筑材料不可使用工业废料或经化学处理的材料，使用人工合成材料以及石、砖、木材等不应含有对人畜有害的化学物质。养殖场内和养殖场周边应避免使用滞留性强的农药、鼠药等，以防止通过空气或地面污染畜禽。

（二）科学合理使用兽药

使用高效低毒、低残留的畜禽专用药。严格规定和遵守药物的使用对象、使用期限、使用剂量以及休药期等，严禁使用违禁药物和未被批准的药物，严禁或限制使用人畜共用的抗菌药物或可能具有"三致"作用和过敏反应的药物。

（三）加强药物残留分析方法的研究

建立残留分析方法是有效控制食品中药物残留的关键措施。积极开展国际交流与合作，完善药物残留分析方法，特别是快速筛选和确认的方法，积极开发简单、快速、准确、灵敏和便携的残留分析技术，发展高效、高灵敏的联用技术和多残留组分确证技术，分析过程自动化或智能化，以提高分析效率，降低成本。

（四）加强药物残留监控，完善药物残留监控体系

应加快国家、部委以及省地级药物残留机构的建立和建设，使之形成自中央至地方完整的药物残留检测网络。加大投入，开展药物残留的基础研究和实际监控工作，初步建立起适合我国国情并与国际接轨的药物残留监控体系，实施国家残留监控计划，力争将残留危害减小到最低限度。

（五）严格规范药物的安全生产和使用

监督企业依法生产、经营、使用药物，禁止不明成分以及与所标成分不符的药物进入市场，加大对违禁药物的查处力度，一经发现应严厉打击；严格规定和遵守药物的使用

对象、使用期限、使用剂量和休药期等；加大对饲料生产企业的监控，严禁使用国家规定禁用的饲料添加剂；对上市畜产品及时进行药残检测，若发现药残超标者立即禁止上市并给予处罚。

（六）开发推广无公害的非抗生素类药物及其添加剂

非抗生素类药物很多，如微生物制剂、中草药和无公害的化学药物，都可达到治疗与防病的目的。尤其以中草药添加剂和微生物制剂的生产前景最好。

四、抗生素的检验

方法：高效液相色谱法

试料中残留的氯霉素，用乙酸乙酯提取，正己烷除脂，C_{18} 柱净化，液相色谱 – 串联质谱测定，内标法定量。

（一）准备试剂及仪器设备

l. 试剂

所用的试剂，除特别注明者外均为分析纯试剂；水为符合 GB/T 6682 规定的一级水。

（1）氯霉素标准品：含量 ≥ 97%。

（2）内标物：氘代氯霉素标准品，含量为 100 μg/mL（作为内标物标准储备液）。

（3）甲醇：色谱纯。

（4）乙腈：色谱纯。

（5）乙酸乙酯。

（6）氯化钠。

（7）正己烷。

（8）C_{18} 固相萃取柱，500 mg/3 mL，或相当者。

（9）4% 氯化钠溶液：取氯化钠 4 g，用水溶解并稀释至 100 mL。

（10）100 μg/mL 氯霉素标准储备液：精密称取氯霉素标准品 10 mg，于 100 mL 量瓶中，用甲醇溶解并稀释至刻度，配制成浓度为 100 μg/mL 的氯霉素标准储备液。-20℃以下保存，有效期 1 年。

（11）100 μg/L 氯霉素标准工作溶液：精密量取 100 μg/mL 氯霉素标准储备溶液 100 μL，于 100 mL 量瓶中，用 50% 乙腈溶解并稀释至刻度，配制成浓度为 100 μg/L 的标准工作液。2 ～ 8℃保存，有效期 1 个月。

（12）20 μg/L 氘代氯霉素标准工作溶液：精密量取氘代氯霉素标准品 20 μL，于 1 000 mL 量瓶中，用 50% 乙腈溶解并稀释至刻度，配制成浓度为 20 μg/L 的氘代氯霉素标准工作液。2 ～ 8℃保存，有效期 3 个月。

2. 仪器设备

（1）分析天平：感量 0.000 01 g；

（2）液相色谱 – 串联质谱仪：配电喷雾离子源。

液相色谱条件：色谱柱，C_{18}（150 mm×2.1 mm，粒径 5 mm），或相当者；柱温 30 ℃；流速 0.2 mL/min；进样量 20 μL；运行时间 8 min；流动相，乙腈 + 水（50+50，v/v）。

质谱条件：电离模式，ESL 扫描方式，负离子扫描；检测方式，多反应检测；电离电压 2 ~ 8 kV；源温 120 ℃；雾化温度 350 ℃；锥孔气流速 50 L/h；雾化气流速 450 L/h；数据采集窗口 8 min；驻留时间 0.3 s。

（3）固相萃取装置。

（4）漩涡振荡器。

（5）振荡器。

（6）组织匀浆机。

（7）冷冻离心机。

（8）旋转蒸发仪。

（9）离心管：50 mL。

（10）鸡心瓶：50 mL。

（11）滤膜：0.22 mm。

（12）氮吹仪。

（二）测定步骤

步骤 1：试样的制备。取适量新鲜或冷藏的空白或供试牛奶，混合，并使均质。取均质后的供试样品，作为供试试料；取均质后的空白样品，作为空白试料；取均质后的空白样品、添加适宜浓度的标准工作液，作为空白添加试料。试料在 -20℃ 以下保存。

步骤 2：样品测定。

①提取：取试料 10 ± 0.05 g，于 50 mL 离心管中，加氘代氯霉素内标工作液 250 μL，再加乙酸乙酯 20 mL，振荡 15 min，6000 r/min 离心 10 min，取乙酸乙酯层液于鸡心瓶中，再加乙酸乙酯 20 mL 重复提取一次，合并两次提取液于鸡心瓶中，于 45℃ 水浴旋转蒸发至干，用 4% 氯化钠溶液 5 mL 溶解残留物，加正己烷 5 mL 振荡混合 1 min，静置分层，弃正己烷液，再加正己烷 5 mL，重复提取一次。取下层液备用。

②净化：柱依次用甲醇 5 mL 和水 5 mL 活化，取备用液过柱，控制流速 1 滴 /（3 ~ 4 s），用水 5mL 淋洗，抽干，用甲醇 5 mL 洗脱，收集洗脱液，于 50℃ 氮气吹干。用 50% 乙腈 1.0 mL 溶解残余物，涡漩混匀，滤膜过滤，供液相色谱 – 串联质谱测定。

③标准曲线的制备：精密量取 100 μg / L 氯霉素标准工作溶液和 20 μg / L 氘代氯霉素内标工作溶液适量，用流动相稀释，配制成氯霉素浓度为 0.10 μg / L、0.25 μg / L、0.50 μg / L、1.0 μg / L、2.0 μg / L、5.0 μg / L，氘代氯霉素浓度为 5 μg / L 的系列标准溶液，供液相色谱 – 串联质谱仪测定。以特征离子质量色谱峰面积为纵坐标、标准溶液浓度为横坐标，绘

制标准曲线。求回归方程和相关系数。

④测定：取试样溶液和相应的标准溶液，做单点或多点校准，按内标法以峰面积比计算。对照溶液及试样溶液中氯霉素和氘代氯霉素的响应值均应在仪器检测的线性范围之内。空白试验除不加试料外，采用完全相同的测定步骤进行平行操作。

试样溶液中的离子相对丰度与标准溶液的离子相对丰度比符合表8-1的要求。标准溶液和空白组织添加试样溶液的总离子流和选择离子流图见图8-9～图8-11。

表8-1　试样溶液中离子相对丰度的允许偏差范围

相对丰度（%）	允许偏差（%）
> 50	±20
> 20 ~ 50	±25
> 10 ~ 20	±30
≤ 10	±50

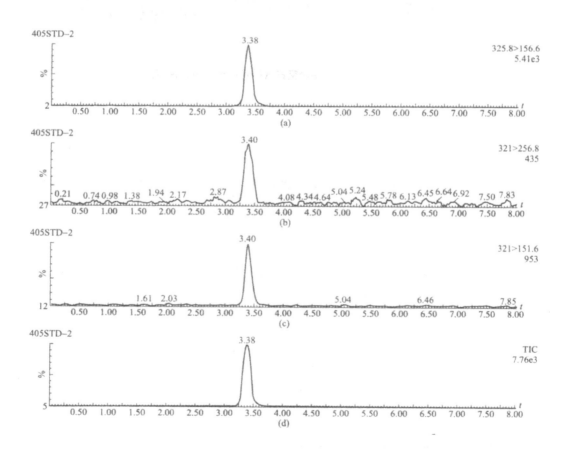

图8-9　氯霉素标准溶液总离子和特征离子质量色谱图（0.25　μg／L）

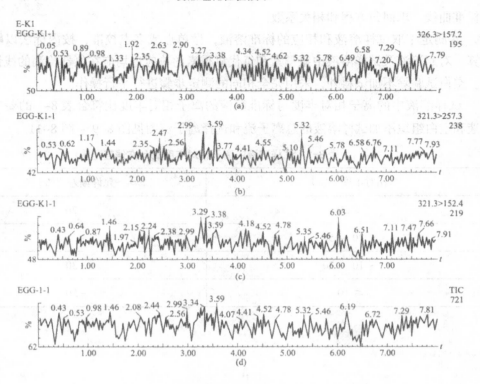

图 8-10　牛奶空白试样特征离子质量色谱图

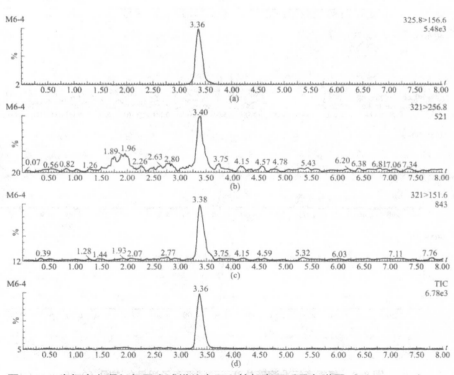

图 8-11　牛奶空白添加氯霉素试样总离子和特征离子质量色谱图（0.02μg/kg）

步骤3：计算结果。计算 $A_{321/151.6}/A_{325.3/156.6}$ 峰面积比值，标准曲线校准。由标准曲线方程：

$$A_s / A_{is}' = a \times c_s / c_{is}' + b$$

求得 a 和 b，则

$$c = \frac{c_{is}'}{a} \times \left(\frac{A}{A_{is}} - b\right)$$

试料中氯霉素残留量按下式计算：

$$X = \frac{c \times V}{m}$$

式中：

X——供试试料中氯霉素的残留量，$\mu g/kg$；

A_s——对照溶液中氯霉素的峰面积；

A_{is}'——对照溶液中内标氘代氯霉素的峰面积；

c_s——对照溶液中内标氘代氯霉素的浓度，ng/mL，

c_{is}'——对照溶液中氯霉素的浓度，ng/mL；

c——供试溶液中氯霉素的浓度，ng/mL；

A——试样中氯霉素的峰面积；

A_{is}——试样中内标氘代氯霉素的峰面积；

V——溶解残余物的体积，mL；

m——供试试料质量，g。

注：计算结果须扣除空白值，测定结果用平行测定的算术平均值表示，保留三位有效数字；本方法检测限为 0.01 $\mu g/kg$，定量限为 0.1 $\mu g/kg$。

第五节　食品中拟除虫菊酯类农药检验

尽管拟除虫菊酯类农药在作物中降解速度快、残留浓度低，但是，对多茬采收的蔬菜，即便使用农药的降解半衰期比较短，但是仍然存在污染的可能性。因此，对食品中菊酯类农药进行测定，是一项重要的检验任务。

目前常用的拟除虫菊酯类农药有20多个品种，主要有溴氰菊酯、氰戊菊酯、二氯苯醚菊酯、甲氰菊酯和氯氰菊酯等。

一、植物性食品中拟除虫菊酯类农药残留的检测

方法：电子捕获 - 气相色谱法

试样中氯氰菊酯、氰戊菊酯和溴氰菊酯经提取、净化、浓缩后，用电子捕获 - 气相色谱法测定。氯氰菊酯、氰戊菊酯和溴氰菊酯经色谱柱分离后进入电子捕获检测器中，便可分别测出其含量。经放大器，把信号放大用记录器记录下峰高或峰面积。利用被测物质的峰高或峰面积与标准的峰高或峰面积比较定量。本方法适用于谷类和蔬菜中氯氰菊酯、氰戊菊酯和溴氰菊酯的多残留分析。

（一）准备试剂及仪器设备

I. 试剂

（1）石油醚：沸程 30 ~ 60℃，分析纯，重蒸。

（2）丙酮：分析纯，重蒸。

（3）无水硫酸钠：分析纯，550℃灼烧 4 h 备用。

（4）层析用中性氧化铝：550℃灼烧 4 h 备用，用前 140℃烘烤 1 h，加 3% 水灭活。

（5）层析用活性炭：550℃灼烧 4 h 备用。

（6）脱脂棉：经正己烷洗涤后，干燥备用。

（7）农药标准品：氯氰菊酯，纯度 ≥ 96%；氰戊菊酯，纯度 ≥ 94.4%；溴氰菊酯，纯度 ≥ 97.5%。

（8）标准液的配制：用重蒸石油醚或丙酮分别配制氯氰菊酯 0.2 μg/mL、氰戊菊酯 0.4 μg/mL、溴氰菊酯 0.1 μg/mL 的标准液，吸取 10.0 mL 氯氰菊酯、10.0 mL 氰戊菊酯、5.0 mL 溴氰菊酯的标准溶液于 25 mL 容量瓶中摇匀，即成为标准使用液，浓度为氯氰菊酯 0.08 μg/mL、氰戊菊酯 0.16 μg/mL、溴氰菊酯 0.02 μg/mL。

2. 仪器设备

（1）气相色谱仪，附电子捕获检测器。

色谱条件：

色谱柱：3 mm×1.5 m（或 2 m），内填充 3%OV–101/Chromosorb W（AWDMC S）80 ~ 100 目。

温度：柱温 245℃，进样口和检测器 260℃。

载气：用高纯氮气流速为 140 mL/min。其他仪器自选流速。

（2）高速组织捣碎机。

（3）K–D 浓缩器或旋转蒸发器。

（二）测定步骤

步骤 1：试样的提取。

①谷类：称取 10.00 g 粉碎的试样，置于 100 mL 具塞锥形瓶中，加入石油醚 20 mL，振荡 30 min 或浸泡过夜，取出上清液 2 ～ 4 mL 待过柱用（相当于 1 ～ 2 g 试样）。

②蔬菜类：称取 20.00 g 经匀浆处理的试样于 250 mL 具塞锥形瓶中，加入丙酮和石油醚各 40 mL 摇匀，振荡 30 min 后使其分层，取出上清液 4 mL 待过柱用（相当于 2 g 试样）。

步骤 2：净化。

①大米：用内径 1.5 cm、长 25 ～ 30 cm 的玻璃层析柱，底端塞以经处理的脱脂棉，依次从下至上加入 1 cm 的无水硫酸钠、3 cm 的层析用中性氧化铝，2 cm 的无水硫酸钠，然后以 10 mL 石油醚淋洗柱子，弃去淋洗液，待石油醚层下降至无水硫酸钠层时，迅速加入试样提取液，待其下降至无水硫酸钠层时加入淋洗液淋洗，淋洗液用 25 ～ 30 mL 石油醚，收集滤液于尖底定容瓶中，最后以氮气流吹，浓缩体积至 1 mL，供气相色谱分析用。

②面粉、玉米粉：所用净化柱与大米相同，只是在中性氧化铝层上边加入 0.01 g 层析活性炭粉（可视其颜色深浅适当增减层析活性炭粉的量）进行脱色净化，其余操作同大米。

③蔬菜类：所用净化柱与大米同，只是在中性氧化铝层上加 0.02 ～ 0.03 g 层析活性炭粉（可视其颜色深浅适当增减层析活性炭粉的量）进行脱色净化，淋洗液用 30 ～ 35 mL 石油醚，其余操作同大米。

步骤 3：样品测定。分别量取 1mL 混合标准液及试样净化液注入气相色谱仪中，以保留时间定性，以试样和标准的峰高或峰面积比较定量（图 8-12）。

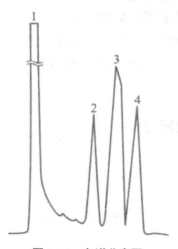

图 8-12　色谱分离图

1. 溶剂；2. 氯氰菊酯，保留时间 2 min57 s；3. 氰戊菊酯，保留时间 3 min50 s；4. 溴氰菊酯，保留时间 4 min47 s

步骤 4：计算结果。

用外标法定量，用下式计算：

$$c_x = \frac{h_x \times c_s \times Q_s \times V_x}{h_s \times m \times Q_x}$$

式中：

c_x——试样中农药含量，mg/kg；

h_x——试样溶液峰高，mm；

c_s——标准溶液浓度，g/mL；

Q_s——标准溶液进样量，μL；

V_x——试样的定容体积，mL；

h_s——标准溶液峰高，mm；

m——试样质量，g；

Q_x——试样溶液的进样量，μL。

注：本法的检出限，氯氰菊酯为 2.1 μg/kg，氰戊菊酯为 3.1 μg/kg，溴氰菊酯为 0.88 μg/kg。

二、动物性食品中拟除虫菊酯农药残留量的检测

方法：气相色谱 – 电子捕获检测器法

本法适用于肉类、蛋类及乳类动物性食品中胺菊酯、氯菊酯、氯氰菊酯、α – 氰戊菊酯、溴氰菊酯等拟除虫菊酯农药残留量的分析。

试样经提取、净化、浓缩和定容，用毛细管柱气相色谱分离，电子捕获检测器检测，以保留时间定性，外标法定量。出峰顺序：胺菊酯、氯菊酯、氯氰菊酯、α – 氰戊菊酯、溴氰菊酯。

（一）准备试剂及仪器设备

I. 试剂

（1）石油醚：沸程 30 ~ 60℃，分析纯，重蒸。

（2）丙酮：重蒸。

（3）二氯甲烷：重蒸。

（4）环己烷：重蒸。

（5）正己烷：重蒸。

（6）乙酸乙酯：重蒸。

（7）氯化钠。

（8）无水硫酸钠。

（9）凝胶：Bio-Beads S-X3 200～400 目。

（10）标准溶液。

2. 仪器设备

（1）气相色谱仪：具有电子捕获检测器、毛细管色谱柱。

（2）旋转蒸发仪。

（3）凝胶净化柱：长 30 cm、内径 2.5 cm 的具活塞玻璃层析柱，柱底垫少许玻璃棉。用洗脱剂乙酸乙酯-环己烷（1+1）浸泡的凝胶以湿法装入柱中，柱高约 26 cm，使凝胶始终保持在洗脱剂中。

（二）测定步骤

步骤 1：试样的制备。

试样去壳，制成匀浆；肉品去筋后，切成小块，制成肉糜；乳品混匀待用。

步骤 2：提取与分配。

①称取蛋类试样 20.00 g（精确到 0.01 g），于 100 mL 具塞三角瓶中，加水 5 mL（视试样水分含量加水，使总水量约为 20 g。通常鲜蛋水分含量约 75%，加水 5 mL 即可），加 40 mL 丙酮，振摇 30 min，加氯化钠 6 g，充分摇匀，再加 30 mL 石油醚，振摇 30 min。取 35 mL 上清液，经无水硫酸钠滤于旋转蒸发瓶中，浓缩至约 1 mL，加 2 mL 乙酸乙酯-环己烷（1+1）溶液再浓缩，如此重复 3 次，浓缩至约 1 mL。

②称取肉类试样 20.00 g（精确到 0.01 g），加水 6 mL（视试样水分含量加水，使总量约 20 g。通常鲜肉水分含量约 70%，加水 6 mL 即可），以下按照蛋类试样的提取与分配步骤处理。

③称取乳类试样 20.00 g（精确到 0.01 g。鲜乳不需要加水，直接加丙酮提取），以下按照蛋类试样的提取与分配步骤处理。

步骤 3：净化。

将此浓缩液经凝胶柱以乙酸乙酯-环己烷（1+1）溶液洗脱，弃去 0～35 mL 流分，收集 35～70 mL 流分。将其旋转蒸发浓缩至约 1 mL，再经凝胶柱净化收集 35～70 mL 流分，蒸发浓缩，用氮气吹除溶剂，以石油醚定容至 1 mL，留待气相色谱分析。

步骤 4：测定。

分别量取 1 μL 混合标准液及试样净化液注入气相色谱仪中，以保留时间定性，以试样和标准的峰高或峰面积比较定量。

步骤 5：计算结果。

$$X = \frac{m_1 \times V_2 \times 1000}{m \times V_1 \times 1000}$$

式中：

X—试样中各农药的含量，mg/kg；

m1—被测样液中各农药的含量，ng；

m—试样质量，g。

V1—样液进样体积，μL；

V2—样液最后定容体积，mL。

注：计算结果保留两位有效数字；本方法各种农药的检出限（μg/kg），胺菊酯为12.50，氯菊酯为7.50，氯氰菊酯为2.00，α-氰戊菊酯为2.50，溴氰菊酯为2.50。

参考文献

［1］刘丽云.食品检验［M］.北京：中国农业大学出版社，2020.

［2］王立晖，刘皓.食品检验工［M］.天津：天津大学出版社，2020.

［3］王庭欣.食品微生物检验［M］.北京：中国标准出版社，2020.

［4］李道敏.食品理化检验［M］.北京：化学工业出版社，2020.

［5］陈智理.食品感官与理化检验技术［M］.北京：中国农业大学出版社，2020.

［6］肖海龙.食品微生物检验技术［M］.北京：中国标准出版社，2020.

［7］李凤梅.食品安全微生物检验［M］.北京：化学工业出版社，2020.

［8］吕永智.动物性食品卫生检验［M］.北京：北京工业大学出版社，2020.

［9］周光理.食品分析与检验技术第4版［M］.北京：化学工业出版社，2020.

［10］周建新，焦凌霞.食品微生物学检验［M］.北京：化学工业出版社，2020.

［11］王海霞.食品药品微生物检验技术［M］.哈尔滨：黑龙江科学技术出版社，2020.

［12］吴美香，王俊全.全国高职高专食品类、保健品开发与管理专业"十三五"规划教材保健食品检验技术［M］.北京：中国医药科技出版社，2019.

［13］林婵.食品理化检验技术［M］.北京：九州出版社，2019.

［14］马少华.食品理化检验技术［M］.杭州：浙江大学出版社，2019.

［15］杨彩霞.食品卫生检验学［M］.沈阳：辽宁科学技术出版社，2019.

［16］李宝玉.食品微生物检验技术［M］.北京：中国医药科技出版社，2019.

［17］宁喜斌.食品微生物检验学［M］.北京：中国轻工业出版社，2019.

［18］林丽萍，吴国平，舒梅.食品卫生微生物检验学［M］.北京：中国农业大学出版社，2019.

［19］朱军莉.食品安全微生物检验技术［M］.杭州：浙江工商大学出版社，2019.

［20］刘绍，顾英，杨武英.全国应用型本科院校化学课程统编教材食品分析与检验第2版［M］.武汉：华中科技大学出版社，2019.

［21］丁元明.食品检验教程［M］.昆明：云南人民出版社，2019.

［22］郑百芹，强立新，王磊.食品检验检测分析技术［M］.北京：中国农业科学技术出版社，2019.

［23］柳青.食品感官检验技术［M］.北京：北京师范大学出版社，2019.

［24］孙志河，窦新顺.食品理化检验技术［M］.北京：高等教育出版社，2018.

［25］张双灵．食品安全及理化检验［M］．北京：化学工业出版社，2018.

［26］安莹，王朝臣，季剑波．食品感官检验［M］．北京：化学工业出版社，2018.

［27］韦丽．食品分析与检验［M］．武汉：武汉理工大学出版社，2018.

［28］郭燕，成孟丽，刘洪利．食品卫生与质量检验检测［M］．天津：天津科学技术出版社，2018.

［29］管益涛．食品微生物检验技术［M］．长春：吉林人民出版社，2018.

［30］李殿鑫．21世纪高等职业教育食品加工技术专业工学结合系列教材食品微生物检验技术第2版［M］．武汉：华中科技大学出版社，2018.

［31］罗红霞，王建．高等职业教育"十三五"规划教材食品微生物检验技术［M］．北京：中国轻工业出版社，2018.

［32］刘丹赤．"十二五"职业教育国家规划教材高职高专食品理化检验技术第3版［M］．大连：大连理工大学出版社，2018.

［33］蔚慧，张建，李志民．食品分析检测技术［M］．北京：中国商业出版社，2018.

［34］陈跃文，周雁，陈杰．食品工程与质量安全实验教学示范中心系列教材食品产品开发实验技术［M］．杭州：浙江工商大学出版社，2018.

［35］任静波，李敏敏．食品质量与安全［M］．北京：中国质检出版社，2018.